Ensino de História

Dados Internacionais de Catalogação na Publicação (CIP)
(Câmara Brasileira do Livro, SP, Brasil)

Abud, Kátia Maria
  Ensino de história / Kátia Maria Abud, André Chaves de Melo Silva, Ronaldo Cardoso Alves. — São Paulo : Cengage Learning, 2019. — (Coleção ideias em ação / coordenadora Anna Maria Pessoa de Carvalho)

  2. reimpr. da 2. ed. de 2010.
  Bibliografia.
  ISBN 978-85-221-0712-4

  1. História — Estudo e ensino I. Silva, André Chaves de Melo. II. Alves, Ronaldo Cardoso. III. Carvalho, Anna Maria Pessoa de. IV. Título. V. Série.

09-12661   CDD-910.7

Índice para catálogo sistemático:

1. História : Estudo e ensino 910.7

COLEÇÃO IDEIAS EM AÇÃO

Ensino de História

Kátia Maria Abud
André Chaves de Melo Silva
Ronaldo Cardoso Alves

Coordenadora da Coleção
Anna Maria Pessoa de Carvalho

Austrália • Brasil • México • Cingapura • Reino Unido • Estados Unidos

Coleção Ideias em Ação
Ensino de História

Kátia Maria Abud
André Chaves de Melo Silva
Ronaldo Cardoso Alves

Gerente Editorial: Patricia La Rosa

Editora de Desenvolvimento: Danielle Mendes Sales

Supervisora de Produção Editorial: Fabiana Alencar Albuquerque

Produção editorial: Danielle Mendes Sales

Copidesque: Andréa Pisan Soares Aguiar

Revisão: Áurea R. de Faria e Miriam Santos

Diagramação: Join Bureau

Capa: Eduardo Bertolini

Pesquisa iconográfica: Claudia Sampaio

© 2011 Cengage Learning Edições Ltda.

Todos os direitos reservados. Nenhuma parte deste livro poderá ser reproduzida, sejam quais forem os meios empregados, sem a permissão, por escrito, da Editora. Aos infratores aplicam-se as sanções previstas nos artigos 102, 104, 106 e 107 da Lei nº 9.610, de 19 de fevereiro de 1998.

Esta editora empenhou-se em contatar os responsáveis pelos direitos autorais de todas as imagens e de outros materiais utilizados neste livro. Se porventura for constatada a omissão involuntária na identificação de algum deles, dispomo-nos a efetuar, futuramente, os possíveis acertos.

A editora não se responsabiliza pelo funcionamento dos links contidos neste livro que possam estar suspensos.

Para informações sobre nossos produtos, entre em contato pelo telefone **0800 11 19 39**

Para permissão de uso de material desta obra, envie seu pedido para **direitosautorais@cengage.com**

© 2011 Cengage Learning. Todos os direitos reservados.

ISBN-13: 978-85-221-0712-4
ISBN-10: 85-221-0712-2

Cengage Learning
Condomínio E-Business Park
Rua Werner Siemens, 111 – Prédio 11 – Torre A – Conjunto 12
Lapa de Baixo – CEP 05069-900 – São Paulo –SP
Tel.: (11) 3665-9900 – Fax: 3665-9901
SAC: 0800 11 19 39

Para suas soluções de curso e aprendizado, visite
www.cengage.com.br

Impresso no Brasil
Printed in Brazil
2. reimpr. – 2019

Apresentação

A Coleção Ideias em Ação nasceu da iniciativa conjunta de professores do Departamento de Metodologia do Ensino da Faculdade de Educação da Universidade de São Paulo, que, por vários anos, vêm trabalhando em projetos de Formação Continuada de Professores geridos pela Fundação de Apoio à Faculdade de Educação (Fafe).

Em uma primeira sistematização de nosso trabalho, que apresentamos no livro *Formação continuada de professores: uma releitura das áreas de conteúdo*, publicado por esta mesma editora, propusemos o problema da elaboração e da participação dos professores nos conteúdos específicos das disciplinas escolares – principalmente aquelas pertencentes ao currículo da Escola Fundamental – e na construção do Projeto Político-Pedagógico das escolas. Procuramos, em cada capítulo, abordar as diferentes visões disciplinares na transposição dos temas discutidos na coletividade escolar para as ações dos professores em sala de aula.

Nossa interação com os leitores deste livro mostrou que precisávamos ir além, ou seja, apresentar com maior precisão e com mais detalhes o trabalho desenvolvido pelo nosso grupo na formação continuada de professores das redes oficiais – municipal e estadual – de ensino. Desse modo, cada capítulo daquele primeiro livro deu origem a um novo livro da coleção que ora apresentamos. A semente plantada germinou, dando origem a muitos frutos.

Os livros desta coleção são dirigidos, em especial, aos professores que estão em sala de aula, desenvolvendo trabalhos com seus alunos e influenciando as novas gerações. Por conseguinte, tais obras também têm como leitores os futuros professores e aqueles que planejam cursos de Formação Continuada para Professores.

Cada um dos livros traz o "que", "como" e "por que" abordar variados tópicos dos conteúdos específicos, discutindo as novas linguagens a eles associadas e propondo atividades de formação que levem o professor a refletir sobre o processo de ensino e de aprendizagem.

Nestes últimos anos, quando a educação passou a ser considerada uma área essencial na formação dos cidadãos para o desenvolvimento econômico e social do país, a tarefa de ensinar cada um dos conteúdos específicos sofreu muitas reformulações, o que gerou novos direcionamentos para as propostas metodológicas a serem desenvolvidas em salas de aula.

Na escola contemporânea a interação professor/aluno mudou não somente na forma, como também no conteúdo. Duas são as principais influências na modificação do cotidiano das salas de aula: a compreensão do papel desempenhado pelas diferentes linguagens presentes no diálogo entre professor e alunos na construção de cada um dos conteúdos específicos e a introdução das TICs – Tecnologias de Informação e Comunicação – no desenvolvimento curricular.

Esses e muitos outros temas são discutidos, dos pontos de vista teórico e prático, pelos autores em seus respectivos livros.

Anna Maria Pessoa de Carvalho
Professora Titular da Faculdade de Educação da Universidade de São Paulo e Diretora Executiva da Fundação de Apoio à Faculdade de Educação (Fafe)

Sumário

Introdução IX

Capítulo 1
Documentos escritos e o ensino de História 1

Capítulo 2
O uso de jornais nas aulas de História 27

Capítulo 3
Aprender História por meio da Literatura 41

Capítulo 4
Letras de música e aprendizagem de História 59

Capítulo 5
Estudo do meio e aprendizagem de História 79

Capítulo 6
Mudanças e permanências: estudo por meio de mapas 93

Capítulo 7
Ensino de História e cultura material 105

Capítulo 8
Espaços da História: ensino e museus 125

Capítulo 9
Fotografia e ensino de História 147

Capítulo 10
O cinema no ensino de História 165

INTRODUÇÃO

A Didática da História, cuja existência muitas vezes é desconsiderada por historiadores, vem se constituindo, no Brasil, em torno dos cursos regulares de Metodologia do Ensino de História, Prática de Ensino de História ou, ainda, Didática Especial, em cursos de Educação Continuada voltados para a formação de professores de História, encontros de pesquisadores da área e publicações que essas atividades suscitam. Dessa forma, a disciplina vem ocupando espaços e promovendo avanços, não somente como um campo de conhecimento mas também como motivadora do desenvolvimento de atividades docentes diferenciadas, para que junto aos alunos a História escolar seja compreendida e reconstruída, tendo como fundamento o conhecimento histórico.

A Didática da História constitui-se em torno de um objeto diverso do objeto da História. Se esta investiga o passado e constrói um conhecimento próprio, a versão escolar ultrapassa a simples transmissão de saberes, para se tornar um campo de conhecimento no qual se imbricam a História ciência e a História escolar, cada uma com elementos próprios.

A ciência de referência remete-se à Didática da História para propor operações cognitivas que estejam ao alcance dos alunos. Atribui-se à disciplina o papel de mediadora – assumir inalterados os conteúdos e formas produzidas pela História como ciência. A adaptação depende da capacidade de apreensão dos destinatários, que não são historiadores, e talvez nem pretendam ser. A Didática da História leva em conta, sistematicamente, a autonomia e independência disciplinares, relativas às diferenças entre o trabalho da História científica e a atividade em sala de aula. Para Rüsen (1987), a Teoria da História e a Didática da História possuem o mesmo ponto de partida, mas se desenvolvem em direções cognitivas diferentes e têm interesses cognitivos diversos, fundados nas operações e nos processos existenciais da consciência histórica. Convergem para esse tema, mas o elaboram de modo distinto: a Teoria da História pergunta pelas chances racionais do conhecimento histórico, a Didática da História, pelas chances de aprendizado da consciência histórica. Estão ligadas, mas não são a mesma coisa (Rüsen, 1987).

Moniot (1993), que recorre às propostas de Chervel (1990), coloca a questão considerando outra perspectiva com o intuito de apresentar as diferenças entre o saber acadêmico e o saber escolar, apontando o conhecimento histórico como a principal referência do saber escolar, mas não o próprio saber simplificado, que é ensinado no âmbito escolar. O saber escolar seria constituído sobre a base do conhecimento histórico em conjunção com outros conhecimentos e nas relações com os saberes dos quais os alunos são portadores.

O conceito de História como campo de conhecimento é fundamentalmente relacionado ao conceito de fontes históricas. O uso das fontes e a sua análise temporal são propriedades do conhecimento histórico. Elementos componentes do conceito de História científica, o documento e o tempo diferenciam a narrativa histórica da narrativa ficcional e das narrativas científicas de modo geral.

As fontes, consideradas objeto material da pesquisa histórica, vêm adquirindo, desde o século XVII, quando D. Mabillon, da Congregação de Saint Maur, escreveu a obra *De Re Diplomatica*, cada vez mais importância e vêm expandindo o seu significado. Quando a História iniciou sua trajetória como conhecimento, o documento escrito oficial era a essência de sua veracidade, afirmação que atingiu seu auge no século XIX. A História era o que havia sido registrado pela escrita dos homens sobre a vida pública. Com isso, os sujeitos eram somente os que tinham acesso às formas de manifestação escrita ou os que deviam, em razão de sua importância pública, ter seus atos registrados pelos seus pares, detentores das formas da escrita.

Na primeira metade do século XX, mudanças na concepção de História trouxeram novos temas que iam além da História política; com eles vieram à cena novas fontes, ainda com o predomínio da escrita para a construção do conhecimento histórico. Documentos escritos de diferentes tipos se constituíram em um *corpus* hierarquizado, que

> reflete as relações de poder no início do século: na frente do cortejo, desfrutando de prestígio, eis os documentos de Estado, manuscritos ou impressos, documentos únicos, expressão de seu poder, daquele das Casas, Parlamentos, Câmaras de contas; segue-se a coorte dos impressos que não são mais secretos; textos jurídicos e legislativos (...) jornais e publicações em seguida (...). As biografias, as fontes da História local, a literatura dos viajantes formam a cauda do cortejo (Ferro, 1976, p. XX).

Ao uso exclusivo dos documentos escritos como fontes foi incorporada a variedade da produção da sociedade. Esse novo olhar sobre a História como campo de conhecimento fez que a vida política deixasse de ser objeto exclusivo da pesquisa. Obras de arte, como pinturas e esculturas, documentos escritos de natureza diversa, como registros particulares, anotações domésticas, tipos variados de correspondência, formas de manifestação literária e musical, imagens fixas e em movimento, peças da vida cotidiana, enfim, tudo o que fornecesse informação sobre a vida humana aos poucos foi incorporado ao universo das fontes históricas.

A consolidação da História como campo de conhecimento, no século XIX, coincidiu com a expansão das escolas para os filhos da burguesia, classe em ascensão no mesmo período. Nadai (1992-1993), em trabalho clássico sobre a trajetória do ensino de História no Brasil, remete a discussão aos primórdios do ensino da disciplina e se detém na sua introdução na escola secundária.

Inicialmente, a História ciência e a História disciplina escolar confundiam-se, pois a escola secundária era o local apropriado para a divulgação da pesquisa histórica. O Instituto Histórico e Geográfico Brasileiro e o Colégio D. Pedro II eram as instituições que, no Brasil do século XIX, alocavam e divulgavam a produção do conhecimento.

A apreensão do conhecimento histórico pelos alunos realizava-se nas propostas de ensino do Pedro II, por meio das aulas expositivas, nas quais os professores, exibiam seus dotes oratórios. Os fatos históricos, filtrados pelos historiadores e professores deveriam ser memorizados pelos alunos. Do mesmo modo que se produzia a História com a transcrição dos acontecimentos narrados pelos documentos escritos, aprendia-se a disciplina por meio da memorização dos fatos selecionados e transcritos pelos historiadores.

Até pelo menos a segunda metade do século XIX, a História era considerada o conhecimento dos fatos e acontecimentos do passado e era dividida entre História Profana e História Eclesiástica. Justificava-se pelo desenvolvimento e pelo refinamento do espírito e os jovens tirariam dos fatos memoráveis várias advertências e ensinamentos que os orientariam na sua vida pessoal (Cuesta Fernandez, 1997).

As trajetórias se separaram a partir do momento em que o conceito de História e de suas fontes se expandiram e do momento no qual foram incorporadas ao ensino como recursos didáticos. A metade do século passado marca a expansão das idéias da Escola Nova, que, no Brasil, se firmaram por meio das escolas experimentais, como os ginásios vocacionais e colégios de aplicação. O movimento da Escola Nova promoveu a incorporação das fontes como materiais didáticos. Paralelamente ao seu reconhecimento como objeto de pesquisa do historiador, as fontes foram, aos poucos, incorporadas aos trabalhos realizados nas aulas, com os alunos. Leitura e interpretação de documentos, utilização de imagens, estudos do meio, fundamentavam-se na exploração das fontes históricas, transformadas pelo uso, em recursos didáticos. Nesse período, nota-se a ruptura entre os objetivos da História ensinada e do conhecimento histórico.

Para proporcionar o desenvolvimento do pensamento histórico do aluno e fazê-lo distanciar-se do senso comum, a Didática da História propõe procedimentos críticos em relação às fontes, analisadas como recursos para a aprendizagem do aluno; promove a utilização do raciocínio comparativo, da periodização do tempo histórico, distinto de um tempo subjetivo, da maestria do grau de generalização dos conceitos, distinguindo completamente a História de seus usos. Para tanto, mobiliza metodologias clássicas das ciências humanas e sociais: questionamento e observação, coleta de dados, exame e descrição e coloca em perspectiva os deslocamentos entre noções comuns e conceitos históricos (Bugnard, 2009).

A promoção dessas formas de pensamento histórico exige que a formação do aluno esteja fundamentada num conceito de História que o leve à compreensão da realidade social e das ações dos homens localizadas no tempo. Para tanto, é preciso utilizar materiais que permitam a construção do texto histórico e o chamado a atividades intelectuais que encaminhem o aluno para o desenvolvimento do pensamento histórico.

Com base nessa construção de conhecimento, desenvolveram-se os trabalhos que deram origem a este volume da coleção *Ideias em Ação*. A pretensão desta obra é auxiliar o professor de História na organização de suas aulas, de modo que ele possa acompanhar o trajeto do pensar histórico por meio da exploração dos documentos diferenciados sobre os quais se apoiam o conhecimento histórico e a construção do pensamento histórico do aluno.

Referências bibliográficas

BUGNARD, Pierre-Philippe. *Au début du 21ème siècle, où en est la Didactique de l'Histoire?* Disponível em: <www.cahiers-pedagogiques.com/pedagogie_dossiers.php3>. Acesso em: 8 mar. 2009.

CHERVEL, André. A história das disciplinas escolares: reflexões sobre um campo de pesquisa. *Teoria e Educação*, n. 2, p. XX, 1990.

CUESTA FERNANDEZ, Raimundo. *Sociogénesis de una disciplina escolar:* la historia. Barcelona: Ediciones Pomares-Corredor, 1997, p. 80-1.

FERRO, Marc. O filme: uma contra-análise da sociedade? In: LE GOFF, Jacques; NORA, Pierre (Orgs.). *História*: novos objetos. Trad. Terezinha Marinho. Rio de Janeiro: Francisco Alves, p. 199-216, 1976.

MONIOT, Henri. La question de la référence em Didactique de l'Histoire. In: TERRISSE, André (Ed.). *Didactique des disciplines* – Les références au savoir. Bruxelles: Éditions De Boeck Université, 2001.

_____. *Didactique de l'Histoire*. Paris: Nathan Pédagogique, 1993. (Perspectives Didactiques).

NADAI, Elza. O ensino de História no Brasil: trajetória e perspectiva. *Revista Brasileira de História*, São Paulo, v. 13, n. 26/26, p. 143-62, set. 92/ago. 93.

RÜSSEN, Jorn. The didacties of history in West Germany: towards a new self-awareness of historical studies. *History and Theory*, midletown, v. 26, n. 3, 1987.

CAPÍTULO 1
Documentos escritos e o ensino de História

Questão para reflexão

O ato de "fazer história" historicamente esteve atrelado à capacidade dos seres humanos de deixar registros escritos de sua trajetória no mundo, tanto que a sociedade ocidental considera marco fundador de sua História o surgimento da escrita. Somente a partir da primeira metade do século XX novas abordagens historiográficas (sobretudo a da escola dos *Annales*) questionaram a proeminência desses registros e abriram espaço para a diversidade de fontes. Os historiadores, então, passaram a construir suas narrativas baseadas em outros tipos de registros – imagéticos, orais, sonoros e materiais.

Com o passar do tempo, solidificou-se a construção historiográfica por meio da pluralidade tipológica das fontes, mas nunca se perdeu de vista a utilização dos documentos escritos, seja como única fonte de pesquisa, seja atrelados a outras formas de registros. No tocante a esse tipo de fonte, a hermenêutica historiográfica vale-se cada vez mais de subsídios analíticos oriundos de outras áreas do conhecimento, como Sociologia, Antropologia, Psicologia e Linguística.

Embora o uso de documentos escritos seja muito importante na construção das narrativas historiográficas, a formação de historiadores no Brasil, no geral, não tem dado substantiva atenção às técnicas de relacionamento do pesquisador com esse tipo de vestígio:

> Tal demanda [a da pesquisa em arquivos] nem sempre é bem correspondida pelo que as grades curriculares dos cursos de História oferecem. Em sua maioria, as disciplinas centram seus programas na fundamental discussão historiográfica, deixando, porém, de dar maior atenção às fontes documentais que nortearam essa produção. Faltam, talvez, esforços para introduzir, em algum momento do curso, noções básicas sobre organização arquivística, leitura paleográfica e crítica das fontes, que auxiliariam o aluno na tomada de decisões e no entendimento do processo de construção do saber histórico (Bacellar, 2008, p. 23-4).

O contexto apresentado nos remete às seguintes questões: como qualificar o uso de documentos escritos no ensino de História? Quais estratégias podem ser utilizadas para efetivamente ocorrer a transposição didática do conhecimento por meio da leitura, interpretação e análise desse tipo de fonte?

O presente capítulo tem como objetivo propor caminhos para a utilização prática de documentos escritos no processo de ensino de História. Para tanto, discutiremos o percurso do documento escrito desde sua concepção, passando pelo processo de arquivamento, até o seu encontro com os historiadores e, num último momento, com professores e alunos.

Teoria e aspectos metodológicos

Os atos de descoberta, de construção de caminhos para a solução de um problema, de necessidade de conhecer são inerentes à condição humana. E é nesse contexto que se destaca a construção de símbolos gráficos – códigos escritos – que formalizem o diálogo entre pessoas ou entre diferentes grupos socioeconômicos, políticos e culturais com o propósito de dar conta da demanda de maior organização da sociedade:

CAPÍTULO 1   Documentos escritos e o ensino de História

> Os primeiros documentos escritos surgiram não com a finalidade de, posteriormente, se fazer com eles a história, mas com objetivos jurídicos, funcionais e administrativos – documentos que o tempo tornaria históricos. O desenvolvimento da vida econômica e social, por sua vez, também originou os documentos necessários às transações, e tudo isso veio a constituir fontes documentárias custodiadas pelos arquivos. Estes são, assim, desde a Antiguidade, "fonte direta, fundamental e indiscutível, à qual todo historiador deve recorrer". Os arquivos permanentes devem, pois, estar munidos de um retrato credível de seu acervo, o que é conseguido através dos respectivos meios de busca (Bellotto, 2006, p. 175).

Como lemos na citação anterior, o surgimento da escrita possibilitou a assunção do conceito de documento, uma espécie de elemento probatório das relações entre indivíduos nos diferentes espaços em que transitam na sociedade. A necessidade de extensão da temporalidade dessas provas documentais, somada à consciência histórica de líderes políticos que queriam preservar a memória de seu poder, levou as sociedades a construírem, desde a Antiguidade, espaços denominados **arquivos**, que pudessem preservá-las ao longo do tempo. Essa prática perdurou no decorrer da história, nas diversas instituições de poder, como o Estado e a Igreja, entre outras.

A burocratização do Estado Moderno levou ao desenvolvimento da **arquivística**, disciplina que objetiva gerir e organizar os arquivos por meio da criação de sistemas que contemplem a funcionalidade dos documentos gerados e, paralelamente, lhes dê um caráter de efetiva publicização ao longo do tempo:

> Sendo a função primordial dos arquivos permanentes ou históricos recolher e tratar documentos públicos, após o cumprimento das razões pelas quais foram gerados, são os referidos arquivos os responsáveis pela passagem desses documentos da condição de "arsenal da administração" para a de "celeiro da História" (...) (Bellotto, 2006, p. 23).

Nesse sentido, segundo Bellotto (2006, p. 23-34), dentro da arquivística existem três instâncias, ou melhor, três idades criadas para dar conta dessa demanda: a administrativa, a intermediária e a histórica. A primeira relaciona-se à criação, tramitação e consecução do objetivo do documento na esfera público-administrativa. A instância intermediária é aquela em que o documento escrito, embora tenha validade jurídica caducada, pode servir como evidência de um período administrativo. Após essa triagem de caráter utilitário e a correspondente tramitação da temporalidade acordada no interior da instituição, os documentos escritos adentram o terceiro período, denominado "idade histórica":

> (...) Os que restarem são os de valor permanente, são os documentos históricos. Abre-se a terceira idade aos 25 ou 30 anos (segundo a legislação vigente no país, estado ou município), contados a partir da data de produção do documento ou do fim de sua tramitação. A operação denominada "recolhimento" conduz os papéis a um local de preservação definitiva: os arquivos permanentes (...). Estes, que interessam muito mais aos pesquisadores do que aos administradores, devem estar localizados junto às universidades ou aos centros culturais. Enfim, devem situar-se em lugares de fácil acesso para seus usuários típicos, devendo estar dotados de amplas salas de consulta, pois neles a pesquisa está aberta a todos (Bellotto, 2006, p. 24-5).

Essa sistematização da área arquivística dá-nos uma amostra da complexidade do caminho de um documento escrito, desde sua gênese até a chegada às mãos do pesquisador, e orienta-nos no sentido de perceber que a "liberação" de uma carga documental não está vinculada somente a premissas técnicas, mas também (e, na maioria das vezes) a condicionamentos de ordem política. Como exemplo dessa prática, temos a discussão existente no Brasil em torno da temporalidade de armazenamento de documentos estatais do período da ditadura militar e sua passagem para a denominada "terceira idade".

Conhecer a lógica pela qual passam os documentos escritos faz-nos refletir sobre a importância que deve revestir o manuseio desses vestígios, não só em relação à prática historiográfica, mas também em relação à utilização de documentos no ensino de História nos níveis Fundamental e Médio. Nesse sentido, para o aprofundamento da discussão em torno da utilização de documentos escritos em sala de aula, cabe relatar os principais tipos de instituições arquivísticas de cunho público e privado e os diferentes grupos de documentos que os compõem[1].

Tabela 1– Principais instituições que possuem documentos de caráter permanente

Arquivos do Poder Executivo	Correspondência Ofícios e requerimentos Listas nominativas Matrículas de classificação de escravos Listas de qualificação de votantes Documentos sobre imigração e núcleos coloniais Matrículas e frequências de alunos Documentos de polícia Documentos sobre obras públicas Documentos sobre terras
Arquivos do Poder Legislativo	Atas Registros
Arquivos do Poder Judiciário	Inventários e testamentos Processos cíveis Processos-crimes
Arquivos cartoriais	Notas Registro civil
Arquivos eclesiásticos	Registros paroquiais Processos Correspondência
Arquivos privados	Documentos particulares de indivíduos, famílias, grupos de interesse ou empresas

---

[1] Tabela retirada de BACELLAR, C. Uso e mau uso dos arquivos. In: PINSKY, Carla Bassanezi (Org.), 2008, p. 26. Essa tabela contém, de forma resumida, as principais instituições que possuem documentos de caráter permanente, ou seja, abertos para pesquisa.

Infelizmente, no Brasil, ainda é insuficiente a sistematização dessa pluralidade de documentos na maioria das instituições de caráter arquivístico. Diante dessa demanda, a função do arquivista é revestida de extrema importância nos espaços documentais. É dele a atividade de elaboração dos instrumentos de pesquisa – guias, inventários, catálogos, ou seja, obras de referência que identificam, resumem e localizam os documentos de um acervo (Bellotto, 2006, p. 180) – os quais podem facilitar o acesso do historiador à documentação desejada para a efetivação de seu trabalho. Espaços que possuem profissionais com boa formação e domínio do acervo permitem aos pesquisadores, desde o início do trabalho, contundente qualificação na descoberta e seleção de documentos que satisfaçam as necessidades de seu objeto de estudo:

> A qualidade de um arquivista transparece na precisão dos instrumentos de pesquisa que ele elabora e na medida em que seu trabalho satisfaz ao pesquisador. Ao tornar claro e profícuo o encontro entre documento e historiador, ele está cumprindo a missão que lhe foi confiada. (...) o arquivista, por seu conhecimento do acervo e por sua técnica de descrição, indexação e resumo, pode fornecer-lhe [ao historiador] elementos que, muitas vezes, permaneceriam para sempre ignorados, gerando lacunas, distorções graves ou mesmo fatais para a historiografia (Bellotto, 2006, p. 177-8).

O conhecimento de especificidades inerentes ao trabalho do arquivista pode auxiliar não só ao historiador, mas também professores e alunos na metodologia de pesquisa de documentos escritos. Ao conhecer as características dos instrumentos de pesquisa, os professores podem ampliar sua acessibilidade a documentos históricos e perceber elementos que facilitam o trabalho descritivo e analítico desse material. O guia, por exemplo, constitui um instrumento de pesquisa que personifica o arquivo em razão de sua capacidade de fornecer uma visão geral da instituição desde a localização geográfica, o horário de funcionamento, formas de acessibilidade à documentação, características do acervo, possibilidades de reprodução de documentos, entre outros aspectos[2].

Podemos observar a complexidade da organização de um guia de instituições arquivísticas no exemplo a seguir, extraído do importante *Guia dos documentos históricos na cidade de São Paulo*, publicado em 1998[3]:

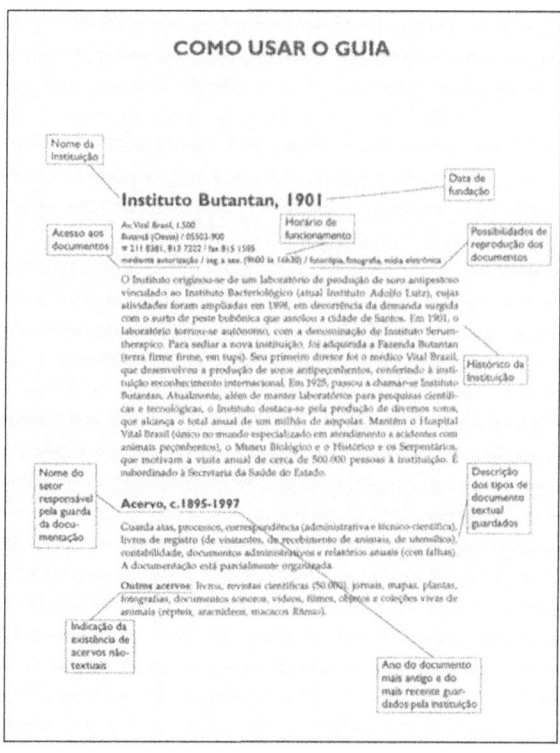

---

[2] O exemplo relaciona-se a guias que têm como função informar acerca do conjunto de arquivos de uma região ou de uma temática específica. Existem também os guias referentes a um só arquivo. Para mais detalhes da organização de um guia dessa modalidade, consultar BELLOTTO, H. L. O processo da descrição: a norma Isad (G) e os instrumentos de pesquisa. In: *Arquivos permanentes*: tratamento documental. 4 ed. Rio de Janeiro: Editora FGV, 2006, p. 179-218.

[3] FERNANDES, Paula Porta S. (Coord.). *Guia dos documentos históricos na cidade de São Paulo:* 1554-1954. São Paulo: Hucitec/Neps, 1998, p. XXIII.

Outros instrumentos de pesquisa fundamentais para historiadores e professores que desejam trabalhar com documentos de instituições de arquivo são o **inventário** e o **catálogo**. Ambos são instrumentos do tipo parcial que descrevem conjuntos documentais ou partes de fundo[4]. O primeiro de forma sumária e o segundo de forma analítica (Bellotto, 2006, p. 197). Devido à sua função analítica que o torna mais específico e com maiores diferenças em relação ao "guia" (que também tem como característica principal o fato de ser um "sumário"), focaremos na segunda vertente acima citada.

O catálogo "é o instrumento que descreve unitariamente as peças documentais de uma série ou mais séries, ou ainda um conjunto de documentos, respeitada ou não a ordem de classificação" (Bellotto, 2006, p. 202). Ele pode ser organizado de duas maneiras: por quadros ou por verbetes individualizados[5]. Iremos nos remeter à segunda maneira, por assemelhar-se ao formato bibliográfico (mais próximo do cotidiano dos alunos). A organização por verbetes segue uma lógica interna e envolve vários parâmetros. Para melhor compreensão da aproximação das questões técnicas do tratamento dos documentos em arquivo à prática de alunos e professores em sala de aula, faremos uma adaptação, de forma resumida e até simplista, dos itens que compõem um catálogo.

---

[4] Conceitua-se como fundo "o conjunto de documentos produzidos e/ou acumulados por determinada entidade pública ou privada, pessoa ou família, no exercício de suas funções e atividades, guardando entre si relações orgânicas, e que são preservados como priva ou testemunho legal e/ou cultural, não devendo ser mesclados a documentos de outro conjunto, gerado por outra instituição, mesmo que este, por quaisquer razões, lhe seja afim". (Bellotto, 2006, p. 128).

[5] A organização de um catálogo por **quadros** ocorre "quando, havendo dados comuns a todos os documentos de uma série descrita, não há necessidade de serem repetidos". Já a organização por **verbetes** ocorre "quando há diversidade nas espécies dos documentos, principalmente nas séries por função, o que modifica também os dados consequentes" (Bellotto, 2006, p. 204 e 207).

CAPÍTULO 1   Documentos escritos e o ensino de História

- *Espécie documental* (tipo do documento: carta, decreto-lei, requerimento, testamento etc.).
- *Emissor* (autoria do documento)
- *Destinatário* (a quem se destinou)
- *Função* (remete à intencionalidade, relaciona-se à espécie documental)
- *Ação* (é o tema, o assunto do documento)
- *Data tópica* (remete à localização do documento; local onde foi gerado – pode ser uma cidade, um país, mas também pode se referir a um espaço institucional, por exemplo, repartição pública)
- *Data cronológica* (dia, mês, ano da compilação do documento)
- *Assinatura(s) do(s) autor(es)*
- *Quantidade de páginas*
- *Anexos e observações*
- *Notação de localização* (relacionada ao local onde foi armazenado no arquivo)

A seguir, temos um exemplo fictício de verbete com as informações necessárias para a localização de um documento de arquivo. Notemos que essa transcrição contribui para a análise inicial de um documento[6]:

Carta, em inglês, de John Smith, arquivista da American Library, a Jobel de Moura, agradecendo o envio de relatório com os nomes de livros recém-publicados. Miami, 13 de março de 1998. Ass.: John Smith. 1 p. (Seção de correspondência, cx. 8).

Carta *(espécie)*, em inglês *(idioma da compilação)*, de John Smith, arquivista da American Library *(emissor)*, a Jobel de Moura *(destinatário)*,

---

[6] Para mais exemplos, ver Bellotto, 2006, p. 209-10.

> agradecendo *(função)* o envio de relatório com os nomes de livros recém-publicados *(ação)*. Miami *(data tópica)*, 13 de março de 1998 *(data cronológica)*. Ass.: John Smith *(assinatura)*. 1 p. *(número de páginas)*, Seção de correspondência, cx. 8 *(notação de localização)*.

Esse percurso mostra a importância das informações oriundas da arquivística para a historiografia. A presença de profissionais qualificados, somada a bons instrumentos de pesquisa, facilita o trabalho dos historiadores nas instituições de arquivo. Esse trabalho também auxilia o estudo da História em outros níveis. Ao elaborar guias, inventários e catálogos, os arquivistas utilizam uma metodologia que, se compreendida pelos professores, pode facilitar a atividade pedagógica de leitura de documento histórico não só nas instituições de arquivo (caso haja a possibilidade de desenvolver um trabalho específico nesses espaços) como também em sala de aula, por dispor de elementos para a análise de documentos escritos presentes nos livros didáticos ou em outros tipos de publicação.

Sugestão de atividade

Como vimos, o sistema de organização de arquivos pode facilitar o estudo da História. Entretanto, como fica a análise prática do documento? Quais parâmetros devem nortear esse trabalho independentemente do espaço no qual é concebido?

Apresentamos algumas possibilidades de trabalho com documentos, tanto para pesquisa em instituições de arquivos (prática que nem sempre é possível em virtude de várias circunstâncias impeditivas) como para situações mais próximas da realidade da maioria das escolas, que é a análise de documentos na própria sala de aula:

> A aproximação estudante-documento pode ser abordada por dois ângulos: o contacto direto do aluno com as fontes primárias e a possibilidade de selecio-

CAPÍTULO 1 Documentos escritos e o ensino de História

nar documentos para o ensino da história, dentro dos conteúdos programáticos escolares (Bellotto, 2006, p. 234).

O trabalho com alunos em instituições de arquivos é de grande valia, mas depende de uma série de circunstâncias, como profissionais preparados para o trabalho pedagógico, instrumentais de pesquisa adequados e espaços para os estudantes (visto que a divisão do mesmo espaço com pesquisadores não é prudente). Nesse contexto, o ideal é trabalhar com um grupo de no máximo 20 alunos (o que nem sempre é possível em razão do grande número de alunos nas turmas de Ensino Fundamental e Médio). Obviamente, a análise qualitativa de documentos escritos exige do professor a reunião do maior número possível de informações políticas, socioeconômicas e culturais necessárias para a compreensão dos textos. Essa ação permite o preparo dos alunos de forma a inseri-los no contexto histórico do período analisado ou nos temas a serem discutidos.

O estabelecimento de critérios para uma prática pedagógica qualitativa com documentos é essencial na pesquisa em arquivos, conforme afirma Bellotto:

> (...) para organizar uma assistência educativa em arquivos, é necessário estabelecer critérios. Quais seriam as modalidades do encontro entre o escolar e o documento? Que documentos selecionar? São viáveis as formas seguintes:
>
> 1. Um contacto com documentos mais gerais, selecionados pelo arquivista. Trata-se dos que tenham maior significação para a história local, ou mais "flagrantes" como fontes. Não guardam relação, porém, com o conteúdo programático que o professor de história está desenvolvendo, ainda que possa haver uma coincidência. Esses documentos podem constituir uma "reserva permanente".
> 2. Uma seleção de documentos "sob medida", a pedido do professor. Daria mais trabalho ao arquivista, uma vez que os programas escolares tendem para a história mais geral e os documentos regionais são escassos; mas o proveito didático seria compensador.

3. Uma solução mista: o estabelecido no item 1 fazendo parte da apresentação geral, e a seleção apoiando-se na matéria dada em classe pelo professor.

O melhor é alternar "documentos-chave", que facilitam a compreensão de uma grande noção histórica, com "documentos-testemunho", que registram um acontecimento importante ou são expressão de uma economia e de uma organização social, e "documentos-humanos", reveladores da natureza humana e da vida cotidiana (Bellotto, 2006, p. 237).

Percebemos que esses critérios mostram a diversidade de trabalhos que podem ser realizados com alunos no que diz respeito a arquivos. É claro que arquivos públicos, geralmente, possuem documentação que oferece mais subsídios para o estudo da história local. No entanto, outras temáticas podem ser trabalhadas, desde que a seleção de documentos seja cuidadosa.

A manipulação dos documentos por parte dos alunos é fundamental para que a visita ao arquivo seja produtiva. Obviamente, essa ação deve ser acompanhada e orientada pelo professor e pelo arquivista presente. A leitura dos documentos, tanto no arquivo quanto na própria escola, deve ser acompanhada de um projeto que vise contemplar a inserção do aluno nessa nova linguagem e proporcionar o amadurecimento de habilidades, entre as quais a extração de informações, a descrição, a interpretação, a sistematização de ideias. Podem ser usados um ou mais documentos de uma mesma temática para cada grupo de alunos (máximo de quatro componentes).

No tocante à realização de atividades de interpretação de fontes escritas em sala de aula, vários tipos de documentos podem ser utilizados (alguns livros didáticos e paradidáticos trazem documentos interessantes acerca dos temas discutidos no currículo da disciplina).

Como exemplo dessa prática, apresentamos uma possibilidade de exercício que pode ser feito com base em narrativas contraditórias sobre um mesmo assunto: os discursos de Luis Carlos Prestes e de Juarez Távora acerca de propostas para a efetivação de um processo de transformação político-econômico-social no Brasil.

CAPÍTULO 1 Documentos escritos e o ensino de História

O ano é 1930. O clima é de absoluta contestação ao Estado que, desde o início da República, é governado por uma oligarquia cafeeira, fator que culminou na denominada Revolução de 1930, a qual levou Getúlio Vargas ao poder. Note que os discursos são convergentes no tocante à necessidade da instauração de um processo de transformação do país; no entanto, divergem em relação à sua maneira de concepção e efetivação. Ao passo que o primeiro pretende uma revolução armada promovida pelo proletariado, o segundo acredita numa reforma calcada em modificações estruturais na Constituição, mas com a manutenção de grupos que compõem as instituições de poder do Estado.

São essas semelhanças e diferenças, mudanças e permanências que devem ser observadas na análise de um documento histórico escrito. Essas constatações podem ser efetivadas com base no percurso analítico que apresentamos a seguir:

> **Manifesto de Luis Carlos Prestes, Buenos Aires, 1930**
> Ao proletariado sofredor das nossas cidades, aos trabalhadores oprimidos das fazendas e das estâncias, à massa miserável do nosso sertão, e, muito especialmente, aos revolucionários sinceros, aos que estão dispostos à luta e ao sacrifício em prol da profunda transformação por que necessitamos passar são dirigidas estas linhas. (...)
>
> (...) A revolução brasileira não pode ser feita com programa anódino da Aliança Liberal. Uma simples mudança de homens, o voto secreto, promessas de liberdade eleitoral, de honestidade administrativa, de respeito à Constituição, de moeda estável e de outras panaceias nada resolve, nem pode de maneira nenhuma interessar à grande maioria da nossa população, sem o apoio da qual qualquer revolução que se faça terá o caráter de uma simples luta entre as oligarquias dominantes.
>
> Não nos enganemos. Somos governados por uma minoria que, proprietária das fazendas e latifúndios e senhora dos meios de produ-

ção e apoiada nos imperialismos estrangeiros que nos exploram e nos dividem, só será dominada pela verdadeira insurreição generalizada, pelo levantamento consciente das mais vastas massas das nossas populações dos sertões e das cidades.

Lutemos pela completa libertação de todos os trabalhadores agrícolas, de todas as formas de exploração feudais e coloniais; pela confiscação, nacionalização e divisão das terras; pela entrega da terra gratuitamente aos que a trabalham. Pela libertação do Brasil do jugo do imperialismo; pela confiscação e nacionalização das empresas estrangeiras, dos latifúndios, concessões, vias de comunicações, serviços públicos, minas, bancos; anulação das dívidas externas. Pela instituição de um governo realmente surgido dos trabalhadores da cidade e das fazendas, em entendimento com os movimentos revolucionários anti-imperialistas dos países latino-americanos e capaz de esmagar os privilégios dos atuais dominadores e sustentar as reivindicações revolucionárias.

Assim venceremos.

Fonte: TÁVORA, Juarez. *Memórias:* uma vida e muitas lutas. Rio de Janeiro: J. Olympio, 1973, p. 344-8.

Réplica de Juarez Távora ao manifesto de Luis Carlos Prestes, 31 de maio de 1930

Discordo do último manifesto revolucionário do General Luis C. Prestes. Não julgo viáveis os meios de que pretende lançar mão, para executar um futuro movimento, nem aceito a solução social e política que preconiza para resolver, depois dele, o problema brasileiro.

Nós, os da velha guarda revolucionária, acreditamos que o mal não reside apenas nas deficiências dos homens – mas, sobretudo, na perniciosa mentalidade ambiente que a prática defeituosa de uma Constituição, divorciada das realidades da vida nacional, permitiu surgir, medrosa, na aurora do regime, e agravar-se, intoleravelmente, sob o consulado dos últimos governos.

CAPÍTULO 1   Documentos escritos e o ensino de História

Disse (...) que tal ambiente nasceu da prática defeituosa de uma Constituição política inadequada às nossas tendências, à nossa cultura, às nossas realidades. Esse diagnóstico impõe, por si mesmo, o remédio exigido pelo caso: Reforme-se, criteriosamente, a Constituição. Reforme-se uma, duas, vinte vezes – se tantas forem necessárias para conseguir adaptá-la à mentalidade do povo cuja vida social e política ela deve espelhar como um padrão.

Nacionalizar nossa Constituição – isto é torná-la capaz de ser bem executada pela elite deficiente que possuímos – eis o remédio prático para os nossos males.

A revolução afigura-se-nos – para todos os que, dentro das atuais circunstâncias, já não cremos na eficiência do voto – ser essa força renovadora.

Mas a revolução por que me tenho batido (...) não é a renovação que acaba de preconizar, em manifesto político, o meu prezado amigo, camarada e ex-chefe, General Luis Carlos Prestes.

Não creio na exeqüibilidade da revolução desencadeada pela massa inerme do proletariado das cidades, dos colonos, das fazendas, dos peões das instâncias, dos habitantes esparsos dos nossos sertões. A essa massa, faltam-lhe todos os atributos essenciais para realizar uma insurreição generalizada, nos moldes da que preconiza o manifesto do General Prestes – coesão, iniciativa, audácia e, sobretudo, eficiência bélica.

É essa, aliás, a única revolução que nossos políticos profissionais admitem como sendo popular – justamente porque sabem ser impraticável na época da metralhadora e do canhão de tiro rápido (...).

A revolução possível no Brasil terá, portanto, de continuar a apoiar-se nos mesmos meios em que tem sido alicerçados até aqui. Reconheço que são deficientes e até precários; mas são os mais viáveis e, portanto, os mais práticos. Teremos de fazê-la com o concurso de todos os homens de boa vontade, que a mentalidade reacionária e desvairada do poder público conduzir àquele ponto de partida de onde nós, revolucionários, empreendemos a nossa caminhada: a descrença na eficácia dos processos legais vigentes, para a solução do problema político nacional.

Mas não creio que lá cheguemos, adotando o exotismo dos conselhos de operários, marinheiros e soldados, que nos aconselha o General Luis Carlos Prestes (...)

(...) não será invertendo a ordem existente – pela anulação sistemática da burguesia e ascendência universal, incontrastável do proletariado – que se chegará ao almejado equilíbrio social. Isso apenas inverteria os polos da justiça combatida.

Creio, sim, no equilíbrio e excelência de um regime baseado na representação proporcional de todas as classes sociais, e erigido em regulador imparcial de suas dependências e interesses recíprocos. E suponho que o regime republicano democrático (...) é aquele que mais facilmente nos permitirá aproximar-nos desse equilíbrio ideal.

O fortalecimento da liberdade civil, por uma reforma criteriosa da Justiça; o estabelecimento da independência econômica das massas, pela difusão da pequena propriedade; a coibição efetiva e prática dos arbítrios do poder, pela criação de um novo organismo de controle político; o equilíbrio social, estabelecido pela proporcional representação de classe; e, enfim, a continuidade indispensável à obra de solução dos grandes problemas nacionais, pela influência persistente de conselhos técnicos, que se superponham, permanentemente, à temporariedade dos governos – eis os pontos básicos por que se devem bater, vencidos ou vencedores, os revolucionários brasileiros.

Tal o meu modo de pensar. Fiel a ele, não posso acompanhar o General Luis Carlos Prestes, no novo rumo que acaba de imprimir às suas ideias.

Fonte: TÁVORA, Juarez. *Memórias:* uma vida e muitas lutas. Rio de Janeiro: J. Olympio, 1973, p. 349-54.

Para a consecução da análise de documentos escritos, o professor deve apresentar a seus alunos alguns procedimentos, como os elencados a seguir, e discuti-los:

1. **Contextualização histórica**: o documento é fruto de uma época, de um lugar. Cabe ao professor apresentar e discutir com seus alunos as bases políticas, socioeconômicas e culturais do período e sociedade estudados. Com esse propósito, algumas questões devem ser "feitas ao documento", referentes a:
   - **autoria** (quem escreveu?);
   - **datação** (quando foi escrito?);
   - **localização geográfica** (onde foi escrito?);
   - **destinatário** (a quem se destinava?).

2. **Objetivo**: os alunos poderão discutir a *intencionalidade*, a *finalidade* do documento:
   - é possível determinar *a qual grupo socioeconômico e/ou político o autor pertence?*
   - *trata-se de documento de cunho pessoal ou institucional* (de órgãos governamentais, empresas privadas, veículos de imprensa, entre outros)?
   - *a quais pessoas ou grupos sociais e/ou políticos o documento se refere?*

3. **Aspectos materiais**: os materiais utilizados para a compilação de um documento remetem a uma época. Assim, algumas questões possibilitam que os alunos levantem hipóteses a respeito do período da escrita. Essas questões podem se referir, por exemplo, a:
   - *produção do documento*: foi feito *manualmente* (à caneta, a lápis etc.) ou utilizou algum tipo de máquina (computador, máquina de escrever);
   - tipo de *suporte da escrita* (papel, pergaminho, papiro etc.);
   - *medidas* (tamanho do documento: largura x comprimento).

4. **Descrição do documento**: essa etapa tem como objetivo extrair informações do texto que poderão indicar com qual fi-

nalidade foi compilado. Assim, várias questões devem ser feitas em relação ao documento:
- Qual é o assunto central?
- Quais frases ou palavras sintetizam sua intenção?
- Quais necessidades ou possibilidades de solução de um problema são apresentadas ao leitor?
- Ocorre defesa ou crítica a alguém (pessoa, grupo social, instituição)?
- Com quais argumentos? Quais as razões utilizadas para construir essa opção? Em que está embasada tal argumentação?

De acordo com essa perspectiva, é importante levar em consideração *as especificidades do contexto histórico no qual o documento foi concebido* (expressões desconhecidas, unidades de medida que podem estar relacionadas à época ou ao contexto regional; palavras conhecidas, mas grafadas de maneira diferente por pertencer a outro contexto histórico etc.). *O objetivo é aclarar as situações descritas no documento, ou seja, se aproximar do passado apresentado de forma a possibilitar a compreensão de quem vive no presente.*

5. **Interpretação**: após a execução das etapas anteriores, os alunos perceberão que nem sempre é possível extrair todos os dados do documento para que esse possa ser interpretado na sua totalidade. Dessa forma, hipóteses podem ser levantadas e discutidas em sala de aula. O cruzamento de informações entre diferentes fontes de um mesmo período pesquisado pode auxiliar um aluno ou todo o grupo a chegar a uma interpretação mais consistente. É importante levar em consideração que o documento não foi criado com a intenção de deixar material de pesquisa para os historiadores, mas para satisfazer as necessidades da época. Outro fator relevante é que usamos "lentes diferentes" para realizar a interpretação – condicionantes políticos, sociais, econômicos e culturais in-

CAPÍTULO 1 Documentos escritos e o ensino de História

fluenciam nos parâmetros que norteiam nossa análise (nem o documento nem o historiador são neutros, o que se aplica também ao professor e a seus alunos).

Para o estudo dos documentos transcritos anteriormente, poderíamos elaborar um quadro de análise que resuma suas principais características:

Quadro 1 *Análise de documentos escritos*

	PARÂMETROS DE ANÁLISE	DOCUMENTO "A"	DOCUMENTO "B"
1. Contextualização histórica	Autoria	Luis Carlos Prestes	Juarez Távora
	Datação	Entre janeiro e maio de 1930	31 de maio de 1930
	Localização geográfica	Buenos Aires	Rio de Janeiro
	Destinatário	Povo brasileiro	Povo brasileiro
2. Objetivo	Grupo a que pertencia o autor	Movimento ligado aos trabalhadores da cidade e do campo	Movimento ligado à assunção de Getúlio Vargas ao poder
	Cunho do documento	Público	Público
	Grupos simpáticos ao documento	Trabalhadores do campo e da cidade; adeptos da revolução armada	Classe política que ansiava por reformas constitucionais
3. Aspectos materiais	Produção do documento e suporte da escrita	Discurso posteriormente compilado na forma de panfleto	Discurso posteriormente compilado na forma de panfleto

(continua)

(continuação)

4. Descrição	Assunto central	Revolução proletária	Reforma constitucional
	Frases ou palavras que sintetizam a intenção do documento	"(...) A revolução brasileira não pode ser feita com programa anódino da Aliança Liberal. Uma simples mudança de homens, o voto secreto, promessas de liberdade eleitoral, de honestidade administrativa, de respeito à Constituição, de moeda estável e de outras panaceias nada resolve, nem pode de maneira nenhuma interessar à grande maioria da nossa população, sem o apoio da qual qualquer revolução que se faça terá o caráter de uma simples luta entre as oligarquias dominantes."	"Disse (...) que tal ambiente nasceu da prática defeituosa de uma Constituição política inadequada às nossas tendências, à nossa cultura, às nossas realidades. Esse diagnóstico impõe, por si mesmo, o remédio exigido pelo caso: Reforme-se, criteriosamente, a Constituição. Reforme-se uma, duas, vinte vezes – se tantas forem necessárias para conseguir adaptá-la à mentalidade do povo cuja vida social e política ela deve espelhar como um padrão. Nacionalizar nossa Constituição – isto é torná-la capaz de ser bem executada pela elite deficiente que possuímos – eis o remédio prático para os nossos males."

(continua)

CAPÍTULO 1   Documentos escritos e o ensino de História

(continuação)

	Necessidades ou possibilidades de solução de um problema apresentadas ao leitor	• libertação dos trabalhadores agrícolas; • reforma agrária; • fim do imperialismo; • confisco e nacionalização de empresas estrangeiras, latifúndios, concessões, meios de comunicação, serviços públicos, minas e bancos; • anulação das dívidas externas; • instituição de um governo do proletariado.	• governo baseado na representação proporcional de todas as classes sociais; • regime republicano democrático favorável ao equilíbrio pretendido; • reforma criteriosa da Justiça; • estabelecimento da independência econômica das massas, pela difusão da pequena propriedade; • coibição efetiva e prática dos arbítrios do poder, pela criação de um novo organismo de controle político; • utilização de conselhos técnicos permanentes.
	Grupos/ instituições/ pessoas defendidas ou criticadas	**Defesa**: trabalhadores rurais e urbanos; movimentos revolucionários anti--imperialistas latino--americanos. **Crítica**: Aliança Liberal; oligarquia latifundiária; empresas estrangeiras.	**Defesa**: velha guarda revolucionária; reforma constitucional; regime republicano democrático. **Crítica**: Luis Carlos Prestes; massa proletária.

(continua)

(continuação)

| | Argumentos críticos e de defesa | **Defesa**: o estado de miséria e opressão vivenciado pelos trabalhadores urbanos e rurais, produzido pelas oligarquias governantes e estrangeiras, justificaria a revolução.

 Crítica: as oligarquias latifundiárias e as empresas estrangeiras são responsabilizadas pela produção da desigualdade social e da miséria que assolavam o país. Da mesma forma, a denominada Aliança Liberal foi acusada de querer implementar reformas tímidas, apenas conjunturais, que não produziriam as transformações necessárias ao país. | **Defesa**: somente modificações estruturais na Constituição poderiam mudar os rumos do país. O problema não residia na deficiência política da elite governante, mas nas leis e regras dissociadas das necessidades do país naquele contexto histórico.

 Crítica: questiona a efetivação de uma luta de classes como produtora da revolução no país. Avalia que a massa proletária não tem condições de criar uma revolução, tampouco governar sozinha. Classifica essa proposta como "exótica". |

Com esse percurso, a análise dos documentos escritos pode auxiliar na construção do conhecimento histórico de forma a possibilitar que o aluno:

CAPÍTULO 1 Documentos escritos e o ensino de História

- identifique mudanças e permanências no percurso histórico da sociedade e dos documentos;
- verifique quais fontes podem ser somadas para confirmar ou refutar uma hipótese levantada;
- perceba que os documentos foram construídos num determinado contexto, o qual influencia preponderantemente em sua concepção, pois pretende responder a uma necessidade da época;
- conclua que, assim como podemos resgatar a história de pessoas, grupos sociais e da sociedade, baseados nos documentos por eles criados, nós, no presente, também participamos desse processo. Somos todos, portanto, agentes da História.

Pudemos observar que o trabalho em sala de aula, baseado na análise de documentos escritos, não precisa ser restrito às fontes presentes em livros didáticos e paradidáticos. É claro que esse tipo de trabalho é muito importante para o aprendizado dos estudantes. No entanto, não podemos perder de vista o caminho que os documentos percorreram até chegarem às nossas mãos. Conhecer procedimentos adotados por especialistas de arquivo e, se possível, vivenciar experiências pedagógicas nessas instituições, pode enriquecer muito a prática do ensino de História. Como afirma Bellotto (2006, p. 246):

> É preciso frisar que a educação não pode abrir mão das possibilidades didáticas do arquivo: tornar a história, de uma vez por todas, uma disciplina que se entenda e não que se decore. E o arquivo, se não levar em conta a importante força social que lhe oferece o mundo escolar, estará perdendo a oportunidade de desempenhar melhor a sua necessária participação na vida nacional. Contribuindo para a formação integral do adolescente, estará plasmando até um maior número, e de melhor qualidade de futuros usuários.
>
> Havendo uma apreensão direta e concreta do conteúdo dos documentos, será mais fácil, posteriormente, "encontrar o caminho" do arquivo; ou pelo menos conhecer sua existência e missão. Haverá, no jovem, um interesse maior

pela história, seja como aluno, seja como futuro cidadão atuante. Poderá mesmo, em suas futuras atividades profissionais, diversas que sejam do campo da história, ser um dos que atuem na preservação de documentos originais, mesmo no âmbito da iniciativa privada. Outro ponto a salientar é a importância assumida pelos arquivos junto à opinião pública, como reflexo da ligação arquivo-futuro cidadão.

Eis mais um grande desafio a ser trilhado por todos aqueles que desejam despertar o interesse dos alunos pela sua própria história, pela história de sua comunidade, cidade ou de seu país. A prática da pesquisa em documentos escritos é um importante meio de qualificação da consciência histórica de nossos alunos, ou seja, contribui para que eles se vejam como participantes e agentes da História.

Sinopse

O capítulo abordou a análise de documentos escritos baseada em técnicas oriundas da arquivística, de forma a apresentar o percurso desse tipo de fonte desde sua concepção até sua apropriação por historiadores. Uma vez realizado tal percurso, os historiadores utilizam seu conhecimento para realizar o trabalho analítico. A soma cognitiva dessas áreas (Arquivística e História) permite que professores e alunos possam não só qualificar a prática de análise de documentos escritos como também perceber a importância desse tipo de fonte para a construção de sua própria história, bem como da história da sociedade em que vivem.

Para ler mais sobre o tema

BACELLAR, Carlos. Uso e mau uso dos arquivos. In: PINSKY, Carla Bassanezi (Org.). *Fontes históricas*. 2 ed. São Paulo: Contexto, 2008. p. 23-79. O autor aborda as principais técnicas para utilização de documentos de instituições de caráter arquivístico e os cuidados que pesquisadores devem ter ao realizar esse trabalho.

BELLOTTO, Heloísa Liberalli. *Arquivos permanentes*: tratamento documental. 4 ed. Rio de Janeiro: Editora FGV, 2006. Obra de referência da área de Arquivística que discorre a respeito da importância e da prática do trabalho do arquivista: técnicas de armazenamento e organização dos documentos, sistematização dos espaços do arquivo, semelhanças e diferenças entre arquivos públicos e privados, utilização da instituição de arquivos para fins pedagógicos, entre outros.

CAMARGO, Ana Maria de Almeida. Por um modelo de formação arquivística. In: *Ciências & Letras*, Porto Alegre, n. 31, jan.-jun., 2002. A autora trata da formação teórica e prática dos arquivistas em diferentes aspectos: habilidades específicas, formação de consciência crítica e domínio das práticas de produção e difusão desse conhecimento.

As obras citadas a seguir apresentam documentos escritos que podem ser utilizados em sala de aula:

- BRUIT, Hector; PINSKY, Jaime. *História da América através de textos*. São Paulo: Contexto, 1991.
- FENELON, Dea Ribeiro. *50 textos de história do Brasil*. São Paulo: Hucitec, 1974.
- FREITAS, Gustavo de. *900 textos e documentos de História*. Lisboa: Plátano, v. 1 [s.d].
- PINSKY, Jaime. *100 textos de história antiga*. São Paulo: Contexto, 1991.

Referências bibliográficas

BACELLAR, Carlos. Uso e mau uso dos arquivos. In: PINSKY, Carla Bassanezi (Org.). *Fontes históricas*. 2 ed. São Paulo: Contexto, 2008. p. 23-79.

BELLOTTO, Heloísa Liberalli. *Arquivos permanentes*: tratamento documental. 4 ed. Rio de Janeiro: Editora FGV, 2006.

FERNANDES, Paula Porta S. (Coord.) *Guia dos documentos históricos na cidade de São Paulo*: 1554-1954. São Paulo: Hucitec/Neps, 1998.

TÁVORA, Juarez. *Memórias*: uma vida e muitas lutas. Rio de Janeiro: J. Olympio, 1973.

CAPÍTULO 2
O uso de jornais nas aulas de História

Questão para reflexão

Os jornais são, aparentemente, fontes de informação do presente. Entretanto, como narram fatos que ocorreram no mínimo no dia anterior, efetivamente, são narrativas do passado, ainda que recente e com prováveis desdobramentos imediatos na contemporaneidade.

Isso não significa que jornalistas são historiadores; estes estudam o passado baseados em conceitos e métodos específicos, os jornalistas, por sua vez, produzem narrativas que são registradas e lidas em jornais, revistas, sites, rádio e televisão.

Entretanto, ao narrar fatos, os jornalistas também fazem contribuições à História, pois seu trabalho, convertido em documentos, passa a ser utilizado por historiadores no cruzamento com outras fontes de informação, para que se compreendam as sociedades do passado e suas formas de relacionamento, representações, conflitos, jogos de forças e significados presentes na memória.

Os professores, construtores do conhecimento, também podem utilizar os jornais no ensino, principalmente nas aulas de História, estimulando o aluno a produzir conhecimentos com base em diferentes atividades ou formas de interação.

Outra característica a ser considerada é que a narrativa jornalística, no geral, é construída por meio da associação entre texto e imagens, principalmente fotografias, e nos fornece informações recentes ou, quando distanciada historicamente, nos dá indícios e dados sobre mudanças e permanências.

Com base nessas premissas, procuraremos responder, ao longo deste capítulo, à seguinte questão: Como usar jornais no ensino de História?

Teoria e aspectos metodológicos

Escolher um eixo temático que permita a relação entre diferentes processos envolvidos nas mudanças históricas é vital para o desenvolvimento de um ensino de História de qualidade. No entanto, ao fazer isso, o professor deve adequar sua escolha ao projeto da escola.

Quando leva jornais e revistas para a sala de aula, o professor, independentemente da disciplina, coloca seus alunos em contato com informações atuais. Essas informações, abordadas de forma mais detalhada e reflexiva do que as informações veiculadas em telejornais, estações de rádio ou na internet – dada a natureza temporal do impresso, principalmente das revistas, que permite apurar com detalhes um fato ou articular diferentes pontos de vista com fontes de informação diversificadas –, contribuem para a formação de cidadãos mais capacitados para compreender a sociedade de forma crítica.

Essas publicações trazem em suas páginas valores e conteúdos variados, incluindo formas diferentes de interpretar um mesmo acontecimento, contribuindo para a manutenção da democracia:

> (...) como os pontos de vista costumam ser diferentes e mesmo conflitantes, ele [o jornal] leva o aluno a conhecer diferentes posturas ideológicas frente a um fato, a tomar posições fundamentadas e a aprender a respeitar os diferentes pontos de vista, necessários ao pluralismo numa sociedade democrática (Faria, 2003, p. 11).

De fato, todas as publicações jornalísticas, sejam programas de rádio ou televisão, revistas, sites informativos, jornais eletrônicos ou impressos, são mediadores entre a escola e o mundo externo e ajudam os estudantes a relacionar seus conhecimentos e experiências pessoais com as notícias. Esse processo auxilia na formação de novos conhecimentos e conceitos, na ampliação do pensamento crítico do estudante e, consequentemente, de suas "leituras" do mundo.

A produção midiática impregna nosso cotidiano. Sua velocidade excessiva nos leva a um uso e consumo, quase que imediatos, de seus conteúdos; há pouco tempo para a reflexão, o que altera nossa percepção e, como consequência, nossos conhecimentos, nossa visão de mundo, nossos modos de agir, pensar e sentir. Um dos desafios da educação contemporânea é lidar com a excessiva carga informativa, o que não significa tentar reproduzi-la em sala de aula na íntegra, com pouco espaço para a reflexão de seus significados. Isso significa ensinar os alunos, por meio da contextualização, a selecionar os fatos importantes, organizá-los e analisá-los.

Ao levar o pluralismo para a sala de aula, o jornal também leva para a escola uma história truncada. É aí que entra o professor, o qual, com as opções de que dispõe ou escolhas que faz é capaz de ensinar o aluno a ordenar e compreender o caos aparente. "Para tanto, ele [aluno] aprenderá a relacionar o passado com o presente, buscando as origens dos fatos, e a refletir sobre as consequências daquilo que ocorre dia após dia." (Faria, 2003, p. 12)

Outra questão que não pode ser esquecida é que todo texto encerra representações sociais, construídas pelo autor por meio da leitura dos fatos, a qual se dá com a mediação de seus valores e crenças. A utilização de jornais, sobretudo os antigos, no ensino de História, precisa levar em consideração os contextos sociais nos quais os mesmos foram produzidos, ao mesmo tempo em que sua análise detalhada nos ajuda a compreender melhor estes contextos, revelando novos detalhes e ligações.

Trata-se de não aceitar o texto jornalístico como verdade, algo comum, mas de percebê-lo como um testemunho histórico, carregado de subjetividade, como tudo o que é humano; de compreender sua importância social, incluindo os impactos na construção da memória, sem cair na ideia primária da "busca pela verdade histórica", alimentando a busca de "visões multifacetadas" sobre a história; de entendê-lo como resultado da visão de mundo, da interpretação da realidade de quem o produziu.

Muitas pessoas consideram verdade absoluta tudo aquilo que leem. Entretanto, basta compararmos dois jornais para percebermos que ambos podem trazer versões, ou no mínimo elementos informativos, diferentes sobre um mesmo fato.

Ao pesquisarmos um assunto específico nas páginas de diferentes publicações veremos que as versões, por mais semelhantes que sejam, sempre trazem enfoques ou visões diferentes, incluindo, em alguns casos, informações ou detalhes.

Isso ocorre em relação a fatos próximos do presente e a acontecimentos mais remotos. Por exemplo, ao pesquisarmos uma greve ocorrida no início do século XX em diferentes jornais, incluindo publicações dos grevistas, tanto de orientação anarquista quanto comunista, é provável que encontremos discursos recheados de ideologia, reivindicações e, muitas vezes, de imagens extremamente negativas dos empresários ou "burgueses"; em um hipotético jornal alinhado com os interesses patronais talvez encontremos uma versão diferente dos fatos, que pode variar da "tentativa" de isenção ou imparcialidade até a rotulagem dos grevistas como arruaceiros, que mereciam ser punidos com todo o rigor da lei, incluindo a expulsão dos imigrantes envolvidos no ato.

É claro que se trata de um exemplo, de uma criação ficcional que se utiliza do antagonismo de posições e visões de mundo presentes nesse período (e ainda hoje, em alguns casos) e caracterizadas por radicalizações, julgamentos e posições maniqueístas. Contudo, essa construção procura mostrar ao leitor que é possível encontrar diferentes visões ou interpretações de um mesmo fato, da realidade, em vários jornais, feitos e dirigidos por muitas pessoas e, portanto, resultado de valores e interesses diversos.

CAPÍTULO 2 O uso de jornais nas aulas de História

O mito da objetividade jornalística vem da ideia quase sacralizada de que o texto escrito é portador da verdade. Essa concepção decorre do fato de a escrita ter sido, historicamente, associada ao poder como um instrumento de manutenção das classes dominantes. A popularização da escrita nos últimos séculos, graças à invenção da imprensa por Johannes Gutenberg e a expansão da produção de jornais, sobretudo a partir do século XIX, estenderam a crença de que tudo o que está escrito é verdadeiro (como descrição objetiva da realidade) em um texto jornalístico.

Apesar dos recortes, da seleção de dados feita pelos jornalistas e das inevitáveis diferentes versões sobre os fatos – o que destrói o mito da verdade imparcial e objetiva –, a produção jornalística é o meio mais democrático pelo qual as pessoas tomam conhecimento do que se passa em suas sociedades e no restante do mundo.

Além disso, não podemos esquecer que nenhum leitor é neutro. Assim como o jornalista, ele também traz para a leitura do jornal ou de qualquer outro veículo de comunicação suas experiências e visões de mundo, o que o faz interpretar o que lê, reconstruindo conceitos e concepções.

Ao utilizar os jornais como fontes de pesquisa, cabe aos historiadores, professores e alunos situar a produção jornalística em seu tempo e espaço, como forma de compreender suas relações com os fenômenos sociais.

Por isso a necessidade de se escolher um eixo temático capaz de permitir o desenvolvimento do trabalho, do qual, inclusive, depende a seleção dos jornais que serão utilizados em sala de aula e outras etapas da preparação da atividade, como a criação de um "produto" final, capaz de reunir as informações pesquisadas e as conclusões dos alunos.

Sugestões de atividades

Utilizar jornais em sala de aula exige, além da escolha de um eixo temático, a definição de períodos e publicações a serem pesquisadas.

Também é importante explicar ao aluno alguns elementos básicos que compõem os jornais, como as diferenças entre tipos de textos – reportagens, artigos, comentários, crônicas, entre outros –, anúncios, legendas e fotografias.

Sugerimos duas atividades a serem realizadas com alunos do Ensino Fundamental II e Médio. As atividades podem sofrer adaptações, de acordo com as condições de cada realidade.

Atividade 1 – Escravos e assalariados no Brasil

A abolição da escravidão no Brasil (1888) coincidiu com um momento de crescimento da imprensa escrita nacional, processo acelerado décadas mais tarde pela industrialização do país e ampliação da educação pública, necessária para a formação dos trabalhadores que a nova configuração social exigia. Nessa transição, foram elementos de destaque os imigrantes, na maioria europeus que, trazidos inicialmente para o trabalho nas lavouras do café, em substituição aos escravos, aos poucos ganharam destaque nas atividades urbanas, como na nascente indústria.

Para a realização da atividade, sugerimos que a pesquisa ocorra de forma comparativa, com base na pesquisa de informações em no mínimo dois jornais, como forma de evidenciar mais claramente diferentes pontos de vista. Entretanto, se em sua região, no período escolhido, não tiver circulado mais do que um jornal, não há problema, pois mesmo entre jornalistas e colunistas de uma mesma publicação há diferentes visões de mundo. A comparação entre dois veículos, no entanto, pode deixar mais evidentes para os alunos as diferenças, a começar pelo contato visual com as publicações, as quais sempre destoam umas das outras, revelando, por meio do posicionamento dos textos e do espaço ou do destaque dedicado a determinados assuntos, sentidos explícitos e implícitos.

Eixo temático: a transição do trabalho escravo para o assalariado

A transição do trabalho escravo para o assalariado não foi um processo simples. Apesar de muitos terem permanecido nos locais onde viviam, outros, libertos do jugo, buscaram nas cidades melhores opções de sobrevivência, distantes do duro trabalho do campo. Esse movimento gerou problemas sociais e urbanos imediatos, como a insuficiência de moradias para os novos habitantes, que levou ao inchaço e surgimento de novos cortiços e, posteriormente, de favelas.

Por outro lado, o espaço deixado por essas pessoas nas atividades produtivas, passou a ser preenchido, em algumas regiões, por imigrantes, ao passo que em outras, menos dependentes dos escravos ou em decadência econômica, a acomodação foi feita por meio da utilização de membros da população local.

Esse processo não uniforme – cada região foi marcada por características distintas –, com suas contradições e tensões, foi registrado pela imprensa da época. Ao elegermos essa mudança como eixo temático da atividade, podemos levar os alunos a compreender melhor as alterações econômicas e sociais do Brasil na época, com a emergência de novas relações no trabalho.

Objetivos

- Levar os alunos a compreender que o processo de substituição do trabalho escravo pelo assalariado não foi uniforme e tranquilo.
- Mostrar que a mudança provocou impactos sociais, culturais e econômicos, incluindo a expansão urbana e, depois, industrial.
- Ensinar o aluno a pesquisar informações históricas em jornais, produtos culturais de época, documentos históricos que fornecem dados para compreensão das transformações do passado e seus impactos no cotidiano.
- Com base no contexto brasileiro, relacionar, junto com os alunos, como foi o impacto das forças e dos acontecimentos

internacionais no Brasil, na medida em que havia pressão inglesa para a abolição – necessária para que o mercado consumidor brasileiro se ampliasse para absorver os produtos industrializados da Inglaterra – e as dificuldades de sobrevivência geradas pelos conflitos europeus – disputas coloniais, processos de unificação e, posteriormente, as guerras mundiais –, que levaram milhares de pessoas a imigrar para a América.

Nível dos alunos

A partir da 6ª série (atual 7º ano). Nessa faixa etária, os estudantes são capazes de compreender os impactos das mudanças no cotidiano e de se familiarizar com leitura e pesquisa de jornais.

Materiais

Jornais, cadernos, canetas, cartolinas, canetas hidrográficas, cola e réguas.

Duração da atividade

Pode variar conforme a turma e as condições específicas de cada escola, incluindo o calendário. Sugerimos a utilização de cerca de dez aulas (horas) intercaladas por algumas semanas, como forma de permitir aos alunos a realização da pesquisa e outras tarefas relacionadas.

Primeira fase

O professor deve iniciar a atividade explicando os objetivos para os alunos. Trata-se da preparação, portanto, devem ser estabelecidos: cronograma de atividades, grupos de estudo, quais jornais serão pesquisados e em que locais (arquivos, bibliotecas ou acervos dos próprios jornais).

Além disso, é necessário determinar o período a ser pesquisado. Sugerimos que a pesquisa se estenda de 1888 a 1900, pelo fato dessa década ter sido a que concentrou a maior parte dos impactos da transição. Entretanto, essa mudança não começou com a abolição (esse fato acelerou e tornou o processo definitivo), pois, nas décadas anteriores, o Brasil havia implementado uma série de medidas nesse sentido, como o fim do tráfico de escravos (1850), a Lei do Ventre Livre (1871), entre outras, voltadas a uma lenta, mas constante, substituição do escravo pelo trabalhador livre.

É vital dividir o trabalho entre os grupos. Por exemplo: se a classe for dividida em seis grupos, dois anos para cada um. Mesmo assim, a quantidade de material continuaria imensa, assim, é necessário estabelecer uma periodicidade: a pesquisa de um número de cada jornal (o ideal é que sejam duas publicações) por trimestre. Isso não significa que se o grupo encontrar mais de um número interessante não possa utilizá-lo. Outra estratégia que facilita a pesquisa é estabelecer, ainda que de forma aleatória, um dia da semana a ser pesquisado. Por último, deve-se definir uma seção, editoria ou página em que o assunto pode ser encontrado com mais frequência.

Estabelecidos esses parâmetros, o professor deve informar aos alunos que a pesquisa deverá resultar na criação de um painel comparativo sobre as visões predominantes, em cada publicação, da transição que ocorria naquele período e suas consequências, como o inchaço das cidades em algumas regiões.

Antes do início da atividade, o professor precisa ir a campo para descobrir quais jornais e em que locais estão disponíveis.

Para a primeira fase poderão ser utilizadas duas aulas.

Observação: é necessário que os estudantes já tenham entrado em contato, na sala de aula, com os conteúdos que serão pesquisados.

Segunda fase

Realização da pesquisa, o que inclui a seleção dos jornais.

Terceira fase

Em sala de aula, com apoio do professor, os grupos deverão organizar os materiais obtidos e produzir textos comparativos sobre como a transição do trabalho escravo para o assalariado foi tratada nos diferentes jornais. Tempo necessário: quatro aulas.

Quarta fase

Em duas aulas, os grupos deverão apresentar suas conclusões, comparando-as com as de seus colegas, buscando evidenciar mudanças no processo de transição e nas coberturas dos jornais a cada biênio. Como tarefa extraclasse, cada grupo deverá produzir um texto baseado na comparação com a produção dos colegas.

Quinta fase

Cada grupo deverá confeccionar dois cartazes ou painéis (um para cada jornal) em que deverão apresentar as conclusões produzidas na terceira fase. A produção de cada grupo deverá ser afixada em ordem cronológica, como em uma linha do tempo, compondo uma exposição, que deverá ser encerrada com um último painel, composto pelos textos produzidos pelos grupos a partir das discussões realizadas na quarta fase.

Observação: os painéis deverão ser compostos por textos dos alunos integrados a trechos ilustrativos dos jornais pesquisados.

Possíveis dificuldades

É possível que alguns alunos não estejam familiarizados com a leitura de jornais. O ideal é que a atividade seja associada à disciplina de Língua Portuguesa, em um trabalho prévio de alfabetização na prática de leitura de jornais.

Pode ser também que não tenha havido, em sua região, mais de um jornal publicado no período estabelecido para a pesquisa. Não há problema, a atividade poderá ser realizada apenas com informações provenientes de um jornal.

No caso de nenhum jornal ter sido publicado no período, adapte a proposta à sua realidade: adote um eixo temático que lhe permita trabalhar com um período em que tenham sido publicados jornais em sua região.

Atividade 2 – A cidade nas páginas dos jornais

Trata-se de uma adaptação da atividade "Mudanças na Paisagem", proposta no capítulo 9. Sugerimos que sejam utilizadas imagens publicadas em jornais, o que não exclui utilizar fotografias obtidas em acervos e livros. É importante ressaltar que os textos e as legendas das imagens podem trazer informações fundamentais, capazes de contextualizar as imagens nas situações em que foram produzidas.

Os alunos deverão ser um pouco mais maduros, diferente do proposto no capítulo 9. Recomendamos que a atividade seja realizada com estudantes da 5ª série (atual 6º ano) do Ensino Fundamental em diante. O ideal é que eles também tenham aulas sobre leitura de jornais, o que poderá ser desenvolvido em parceria com os professores de Língua Portuguesa.

Os materiais, obviamente, deverão incluir jornais. A ideia é comparar fotografias do passado com as publicadas no presente (ou passado recente). Isso não exclui a possibilidade de os próprios alunos produzirem fotografias de paisagens urbanas que sofreram mudanças, como recomendado no capítulo 9.

Não se esqueça de estabelecer uma região como foco de pesquisa das mudanças e permanências por meio das imagens, por exemplo, o centro da cidade ou bairro em que está localizada a escola.

Sinopse

Utilizar jornais nas aulas de História depende da definição de eixos temáticos que permitam aos alunos estabelecer relações, causas e consequências de diferentes matizes em um mesmo processo histórico.

No exemplo proposto, a transição do trabalho escravo para o assalariado nos permite pesquisar os impactos sobre a sociedade, incluindo a crescente urbanização das cidades e como os fatos foram relatados e compreendidos, por meio do registro nas páginas dos jornais.

Além disso, se voltarmos nosso olhar para as imagens publicadas pelos jornais, poderemos desenvolver atividades específicas, cujos resultados podem variar de acordo com o eixo escolhido.

Esse tipo de recorte pode ser estabelecido para outros elementos que compõem os jornais. Podemos fazer pesquisas específicas com editoriais, artigos, crônicas ou anúncios, todos eles resultado da configuração social em que foram produzidos, portanto, registros, passíveis de serem pesquisados e analisados.

Para ler mais sobre o tema

FARIA, Maria Alice. *Como usar o jornal na sala de aula*. São Paulo: Contexto, 2003. A obra traz reflexões sobre o uso do jornal na sala de aula por meio de sugestões de atividades para professores e alunos, sobretudo do Ensino Fundamental, pouco acostumados com a leitura desse tipo de produto cultural. Também destaca outros aspectos importantes, por exemplo, a visita a redações dessas publicações como forma de compreender os processos criativos envolvidos.

_____. *O jornal na sala de aula*. 6. ed. São Paulo: Contexto, 1996. Este livro trata da importância da utilização de jornais no ensino, além de discutir conceitos e mitos relativos ao jornalismo, como a questão da subjetividade *versus* objetividade, quarto poder, realidade e verdade, ficção, fato e versão.

MELO, José Marques de. Presença do jornal na escola: iniciação ao exercício da cidadania. In: *Comunicação & Libertação*. Petrópolis: Vozes, 1973.

Artigo que traz ideias sobre o fortalecimento da cidadania com base na prática de um jornalismo ético e democrático e de sua introdução na sala de aula como uma forma de introduzir os alunos no amplo contexto social em que vivemos.

ROSSI, Clóvis. *O que é jornalismo?* São Paulo: Brasiliense, 1991. (Primeiros Passos, 15). Explica a natureza do jornalismo, suas diferenças com relação a outros campos da comunicação social, por exemplo, a publicidade, aborda como ele é produzido e trata de questões éticas envolvidas no exercício diário da profissão. Uma boa introdução para quem deseja entender melhor o tema.

Referências bibliográficas

FARIA, Maria Alice. *Como usar o jornal na sala de aula*. São Paulo: Contexto, 2003.

_____. *O jornal na sala de aula*. 6. ed. São Paulo: Contexto, 1996.

MELO, José Marques de. Presença do jornal na escola: iniciação ao exercício da cidadania. In: *Comunicação & Libertação*. Petrópolis: Vozes, 1973.

PINTO, Manuel. A imprensa na escola. Guia do Professor. *Cadernos do PÚBLICO na Escola*, 1. Lisboa: Público, 1991.

_____; SANTOS, António. Utilizar criticamente a imprensa na escola. Fichas de trabalho. *Cadernos do PÚBLICO na Escola*, 4. Lisboa: Público, 1994.

ROSSI, Clóvis. *O que é jornalismo?* São Paulo: Brasiliense, 1991. Coleção Primeiros Passos, 15.

SOARES, I. O. *Para uma leitura crítica dos jornais*. São Paulo: Paulinas, 1984.

CAPÍTULO 3
Aprender História por meio da Literatura

Questão para reflexão

Utilizar obras literárias como subsídio para construir conhecimento histórico é cada vez mais frequente no ensino de História. Romances, contos, crônicas e tantas outras formas literárias são objetos desafiadores e prazerosos para o professor que visa diversificar sua prática cotidiana de ensino.

Superar a simples utilização da Literatura como introdução de um assunto, ilustração de um conceito ou mesmo como fonte histórica lida de maneira anacrônica é um desafio que reside em qualificar o uso de tão rico recurso para o ensino de História.

A seguir, apresentamos trechos do conto *O Homem das Multidões*, de Edgar Allan Poe. O conto leva-nos a pensar sobre algumas questões acerca da leitura qualitativa de um texto literário com o olhar da História.

O Homem das Multidões

Não faz muito tempo, quase ao findar duma noite de outono, estava eu sentado diante da grande janela da sacada do Café "D" em Londres. (...)

Esta rua é uma das principais vias públicas da cidade, e estivera bastante cheia de gente durante o dia inteiro. Mas, ao escurecer, a multidão, de momento a momento, aumentava, e, ao tempo em que as luzes foram acesas, duas densas e contínuas marés de povo passavam apressadas diante da porta. Nunca me encontrara antes em semelhante situação naquele momento particular da noite, e aquele tumultuoso mar de cabeças humanas enchia-me, por conseguinte, duma emoção deliciosamente nova. Deixei por fim de prestar atenção às coisas do hotel e absorvi-me na contemplação da cena lá fora.

A princípio minhas observações tomaram um jeito abstrato e generalizador. Olhava os passantes em massa e neles pensava em função de suas relações gregárias. Em breve, porém, desci a pormenores e examinei com minudente interesse as inúmeras variedades de figura, roupa, ar, andar, rosto e expressão fisionômica. (...)

Com a fronte colada à vidraça, achava-me assim ocupado em perscrutar a multidão quando, de súbito, surgiu-me à vista uma fisionomia (de um velho decrépito, de uns sessenta e cinco ou setenta anos de idade), uma fisionomia que imediatamente deteve e absorveu toda a minha atenção, por causa da absoluta peculiaridade de sua expressão. (...)

Senti-me singularmente despertado, empolgado, fascinado. "Que estranha história não estará escrita naquele peito!" – disse comigo mesmo. Veio-me então o desejo ardente de não perder o homem de vista e conhecer mais a respeito dele. (...)

(...) Esse velho, disse eu por fim, é o tipo e o gênio do crime profundo. Recusa estar só. É o homem das multidões.

CAPÍTULO 3 Aprender História por meio da Literatura

> Seria vão segui-lo, pois nada mais saberei dele e de seus atos. O pior coração do mundo é um livro mais espesso do que o *Hortulus Animae*, e talvez seja apenas uma das grandes misericórdias de Deus o fato de que "er lässt sich nicht lesen" (ele não se deixa ler).
>
> Fonte: POE, Edgar Allan. O homem das multidões. In: *Ficção completa, poesias e ensaios*. Rio de Janeiro: Nova Aguilar, 1997.

Por meio do texto *O Homem das Multidões* pode-se depreender, à primeira vista, a descrição de um momento histórico da cidade de Londres. A ocupação de suas ruas, o cotidiano das pessoas, os diferentes grupos socioeconômicos ali instalados. Como podemos notar, o texto literário proporciona a representação de um mundo vivenciado ou mesmo idealizado por seu autor. O leitor, por sua vez, tenta apreender esse mundo criando sua própria imagem do representado.

No entanto, pode um texto literário utilizado para subsidiar o ensino de História, limitar-se somente à possibilidade de permitir aos alunos a construção de um cenário de determinado contexto histórico relacionado a um local e/ou a uma época? Em que medida o ensino de História pode discutir a relação do autor literário com a situação descrita em seu texto? Que elementos da mentalidade de uma época a Literatura pode oferecer ao ensino de História?

Essas e outras questões serão discutidas neste capítulo. Nosso objetivo é refletir sobre a aplicação da literatura no ensino de História, nos âmbitos teórico e prático, com vistas a uma efetiva prática pedagógica que possibilite aos alunos a construção de seu próprio repertório de conhecimento histórico.

Teoria e aspectos metodológicos

A relação entre História e Literatura é um assunto polêmico e desafiador. Numerosas discussões no âmbito acadêmico sugerem encontros e desencontros entre essas formas de apresentar o ser humano e as relações sociais dele com o mundo que o cerca.

Ambas procuram representar a ação dos seres humanos no tempo e utilizam narrativas para alcançar esse objetivo. A Literatura vale-se de narrativas não necessariamente compromissadas com acontecimentos, mas diretamente interessadas em mostrar como as pessoas concebem, vivenciam e representam a si mesmas e ao mundo no qual estão inseridas. Ela o faz por meio da retratação de situações apresentadas em diferentes dimensões temporais. A História, por sua vez, parte do presente para coletar, selecionar e interpretar fontes do passado com o objetivo de construir narrativas que se aproximem, com maior nitidez, do que foi vivenciado por um indivíduo, grupo social ou pela sociedade.

Essa visão atual da História desmistificou a obsessão historiográfica positivista advinda do século XIX que apresentava a "realidade" dos fatos como uma espécie de "certificado de garantia" da autoridade do trabalho dos historiadores e de satisfação de um fetiche do homem moderno, como afirma Leite (1997, p. 83), ao citar Roland Barthes:

> A obsessão de repetir "isso ocorreu" da HISTÓRIA positivista expressaria a autoridade do historiador e o gosto da nossa civilização pelo EFEITO DE REALIDADE, o que explicaria, para Barthes, a voga do romance realista, do diário íntimo, da literatura documental, da miscelânea, do museu histórico, da exposição da antiguidade, do desenvolvimento massivo da fotografia (eu completaria seu elenco com a penetração do telejornal).

Ao longo do século XX, o desenvolvimento da historiografia provocou uma ruptura na idealização da narrativa linear da História e na pretensão de neutralidade existente no discurso positivista. Esse rompimento contribuiu para clarificar a ideia de que, na contemporaneidade, o que importa para a História "não é o real, mas o inteligível, isto é, as formas de se entender esse real" (Leite, 1997, p. 84). Esse percurso abriu espaço para a transformação ideológica na gênese das narrativas históricas, ou seja, permitiu a assunção de uma pluralidade narrativa que contemplou grupos que, até então, não tinham voz no cenário histórico por estarem alijados da denominada história dos vencedores, produto da linearidade histórica progressista do positivismo:

> Criticar essa HISTÓRIA [positivista] e seus pressupostos permitiria talvez "penteá-la a contrapelo", reescrevê-la do PONTO DE VISTA dos vencidos e dominados; datar mesmo os momentos de virada histórica que poderia ter sido outra, talvez aquela que permitisse um mundo mais justo. Fazer uma outra HISTÓRIA, ou uma anti-HISTÓRIA, fragmentária, descontínua, que expusesse a ruína e na qual não coubesse a confiança cega no progresso (Leite, 1997, p. 84).

Essa transformação da construção narrativa da História revelou a face ideológica da historiografia ao mostrar que o discurso do historiador não é neutro, mas, antes, está revestido de um pensamento que norteia a escolha das fontes, o recorte temporal e a(s) perspectiva(s) que adota para compreender o mundo.

História e Literatura encontram-se nesse *intermezzo*, pois a ficção produzida pela segunda, mesmo revestida do uso tradicional do passado representado na história dos heróis, possibilita, indiretamente, a observação da mentalidade de grupos excluídos:

> [A ficção] mesmo quando comprometida com esquemas realistas, faz, volta e meia, explodir a HISTÓRIA do vencedor para iluminar retalhos da palavra e da ação daqueles que um dia foram impedidos de entrar para o panteon dos seus heróis. Dos heróis daquela HISTÓRIA que nos formou, que nos ensinaram na escola e, que, até hoje nos diz: os índios são preguiçosos; as mulheres são menos racionais; o camponês é ignorante; o negro é supersticioso. Uma HISTÓRIA que frequentemente e paradoxalmente foi desmentida pela ficção, de Balzac a Machado de Assis, de Euclides da Cunha a Simões Lopes Neto, de Lima Barreto a Antonio Callado, entre tantos outros que aí estão para prová-lo. É só saber ler, nas linhas e entrelinhas, o que o narrador diz e o que ele cala, e ver fundo, desconfiando do encoberto (...) (Leite, 1997, p. 85).

Se é esse resgate da mentalidade de diferentes grupos sociais de uma época que o ensino de História busca na Literatura. O campo da História que realiza essa empresa é o da História Cultural. Nele, é a História que "formula as perguntas e coloca as questões, enquanto a Literatura opera como fonte" (Pesavento, 2003, p. 82).

Ao utilizar a Literatura como fonte, a História não está preocupada em investigar se a representação de passado criada pelo escritor confere com a historiografia (mesmo porque não é essa a intenção do literato), também não se inclina somente a colher informações históricas do romance ou do conto narrado; antes, seu interesse é pelo tempo do escrito, dirige sua primordial atenção ao objetivo de desvelar a mentalidade de uma época.

O desafio da História, nesse âmbito, é estudar as mudanças e permanências das mentalidades ao longo do tempo. É investigar como os seres humanos concebem sua forma de estar no mundo e vivenciá-lo. Nesse quesito, a Literatura tem a primazia sobre quaisquer fontes passíveis de investigação. Como fonte, ela possibilita ao historiador estudar as construções e aplicações do pensamento dos indivíduos e grupos sociais, o que é essencial ou superficial, quais vicissitudes e idiossincrasias estão presentes, o que é visceral ou desprezível numa sociedade, quais tabus e preconceitos são reforçados ou questionados em determinado momento histórico e tantos outros aspectos constituintes da mentalidade de uma época.

Dessa forma, o ensino de História pode utilizar a Literatura para discutir com os alunos como os autores literários constroem as representações de um passado (i)memorial ou mesmo de um futuro ficcional para dialogar com seu presente. Além disso, é um meio para estudar os diferentes discursos apresentados num tempo, o erudito e o popular, o conservador e o progressista, o reacionário e o revolucionário, ou seja, segundo Bakhtin (1990, p. 118-9), o denominado *plurilinguismo* presente na narrativa literária:

> O autor se realiza e realiza o seu ponto de vista não só no narrador, no seu discurso e na sua linguagem (...) mas também no objeto de narração, e

também realiza o ponto de vista do narrador. Por trás do relato do narrador nós lemos um segundo, o relato do autor sobre o que narra o narrador, e, além disso, sobre o próprio narrador. Perceberemos nitidamente cada momento da narração em dois planos: no plano do narrador, na sua perspectiva expressiva e semântico-objetal, e no plano do autor que fala de modo refratado nessa narração e através dela. Nós adivinhamos os acentos do autor que se encontram tanto no objeto da narração como nela própria e na representação do narrador, que se revela no seu processo. Não perceber esse segundo plano intencionalmente acentuado do autor significa não compreender a obra.

Dialogar com o presente. É isso que o escritor literário faz por meio de sua obra. Captar e compreender as discussões políticas, sociais, econômicas, culturais e até mesmo psicológicas do autor com seu tempo é função do historiador e importante material de discussão na prática do ensino de História. Nesse âmbito, é mister compreender as representações construídas sobre as diferentes temporalidades expressas, pois são essas que revelam as discussões implícitas e explícitas do autor com seu tempo:

> Pensemos, pois, algumas modalidades temporais da escrita do texto literário para que possamos apreciar as possibilidades de seu uso pelo historiador. No caso de um texto literário que fale do seu tempo – seja ele obra de Balzac ou de Machado de Assis – o historiador sobre ele se debruça a resgatar as sensibilidades, as razões e os sentimentos de uma época, traduzidos esteticamente em narrativa pelo autor. Quando o texto literário fala do passado, construindo-se como um romance histórico – tal como Sir Walter Scott com *Ivanhoé* ou Érico Verissimo com *O tempo e o vento* – o historiador não busca nele a verdade de um outro tempo, vendo no discurso de ficção a possibilidade de acessar o passado, mas a concepção de passado formulada no tempo da escritura. (...) Já no caso da literatura de ficção científica, aquela que fala dos acontecimentos situados em uma temporalidade ainda não transcorrida, ela pode interessar ao historiador da cultura, justo se ele estiver interessado em saber como uma época pensava seu futuro (Pesavento, 2003, p. 83).

Ensinar os alunos a perceberem essas diferentes dimensões temporais apresentadas pela Literatura é o primeiro (e grande) passo para a efetiva construção do conhecimento histórico. Num segundo momento, o desafio reside na descrição e interpretação dessas representações temporais, criadas pelos autores literários em suas obras, com vistas a compreender a mentalidade da época do escrito. Por fim, provocar a análise das relações dessas representações nos seus diferentes âmbitos (político, social, econômico e cultural) com o atual momento histórico possibilita a qualitativa transposição didática tão objetivada pelo ensino de História.

Sugestão de atividade

Para a realização de um percurso didático com o uso da Literatura nas aulas de História, propomos as etapas que seguem.

Escolha do texto

Escolher um texto literário para o ensino de História deve considerar o ano no qual se encontram os alunos. A forma e a linguagem do texto devem ser adequadas para a faixa etária. Assim, nos primeiros anos do Ensino Fundamental (obviamente, após o término do processo de alfabetização), é necessário iniciar o processo com a utilização de contos, crônicas, poemas ou excertos de romances, para, depois, com a maturação do trabalho de análise no decorrer do período escolar, enfrentar novos desafios: textos longos, de linguagem mais rebuscada e maior dificuldade analítica.

Da ambientação do texto ao estudo da mentalidade de uma época

Outro aspecto importante é discutir o autor em seu tempo. Inserir os alunos no contexto histórico da escrita do texto é fundamental. Provocá-los a perceber as nuanças políticas, socioeconômicas e culturais do período do escrito constitui tarefa essencial para que tenham instrumentos de análise das representações criadas pelo literato, independentemente da modalidade temporal representada (se o texto remete ao passado, presente ou futuro em relação ao autor) ou de os espaços retratados serem reais ou ficcionais. Evidentemente, a organização de um roteiro que registre esse processo é de suma importância para que, em seguida, seja possível analisar as representações construídas pelo autor e o estudo da mentalidade do tempo do escrito.

A percepção de mudanças e permanências nas mentalidades

Por fim, é importante relacionar a mentalidade exposta no texto literário com o atual momento histórico. Refletir criticamente sobre a forma contemporânea de conceber e vivenciar o mundo e em que medida há o encontro ou desencontro dessa mentalidade com o passado analisado por meio do texto literário. Esse processo leva não só à qualificação do conhecimento histórico, mas também à aplicação desse conhecimento no cotidiano, a consciência histórica.

Um exemplo prático

A análise do conto de Edgard Allan Poe, *O Homem das Multidões*, citado no início do capítulo, o qual foi objeto de estudo de um dos cursos de formação de professores do qual participamos como docentes, constitui um bom caminho para exemplificar um trabalho prático sobre a utilização da produção literária.

Como vimos, um detalhe fundamental a ser observado na utilização de um texto literário no ensino de História é sua *modalidade temporal*. É necessário que os alunos resgatem a temporalidade do texto literário, a fim de que se verifique a representação que o autor fez do tempo retratado. O texto pertence ao gênero ficção científica? É um conto de fadas que representa a mentalidade de seu tempo? Um romance histórico? Uma crônica do cotidiano presente?

O Homem das Multidões, publicado em 1840, é um conto que discute seu próprio tempo. Retrata o processo de desenvolvimento ocorrido com as metrópoles europeias na primeira metade do século XIX e o quanto essa dinâmica influenciou o cotidiano das pessoas.

Essa constatação só é possível se ocorrer um segundo movimento na análise do texto literário: a descrição de sua representação, ou seja, as formas pelas quais são retratados fatos históricos ou imaginados. Ao professor, cabe orientar os alunos no tocante a extrair do texto literário a descrição de possíveis grupos sociais e espaços geográficos representados. Em relação aos espaços geográficos, sugerimos o seguinte roteiro de perguntas (que pode ser ampliado):

- Que lugares são citados no texto? São espaços reais ou fictícios?
- Como foram descritos pelo autor?
- É possível comparar essa descrição com outras fontes (imagens, textos da época citada)?

No caso dos grupos sociais, algumas questões também podem ser formuladas:

- Como os grupos sociais foram descritos?
- É possível verificar alguma relação de dependência e/ou hierarquização entre eles?
- O autor apresenta algum juízo de valor na descrição ou na comparação entre os grupos descritos?

Em *O Homem das Multidões,* Edgar Allan Poe descreve minuciosamente diferentes grupos presentes na conturbada modernização da cidade de Londres, a qual lutava para se organizar durante o rápido aumento populacional e o acirramento das desigualdades sociais derivadas da Revolução Industrial. Numa espécie de hierarquização, os diferentes grupos sociais que dividiam o espaço caótico de uma Londres iluminada pelos lampiões a gás são retratados sequencialmente, de acordo com sua condição econômica: desde os privilegiados (nobres e burgueses), passando pela "mão de obra" técnica dependente dos ricos (contadores e escreventes) e, por último, os considerados párias por aquela sociedade (elegantes batedores de carteira, jogadores profissionais, revendedores judeus, mendigos profissionais, prostitutas, bêbados).

É exatamente esse exercício de descrição, aliado à discussão do professor com os alunos em torno de fatos históricos que possam estar relacionados ou até narrados na obra (no caso do texto que serviu de exemplo, o momento histórico representado encontra-se no contexto dos desdobramentos da Revolução Industrial), que possibilita a detecção da modalidade temporal utilizada pelo autor.

No entanto, é no *estudo da mentalidade de uma época* que reside a principal contribuição da Literatura para o ensino de História. É necessário discutir com os alunos não só o ambiente histórico no qual ocorreu a escrita literária como também sua efetiva influência na elaboração do autor; mostrar que ninguém está divorciado de seu presente, pelo contrário, é exatamente dele que se parte para construir a representação de um passado recente ou distante, ou mesmo do futuro. Com base nessa abordagem, algumas perguntas podem ser feitas com vistas a suscitar nos alunos a percepção da mentalidade presente numa obra literária:

- É possível extrair do texto o pensamento apresentado pelo narrador e/ou pelos personagens em relação à sociedade na qual vive(m)?
- Como esse pensamento pode ser relacionado com o momento histórico no qual a obra foi concebida?

> - Que implicações políticas, socioeconômicas e culturais podem estar presentes nesse discurso?
> - De que maneira a mentalidade apresentada no texto literário estudado pode ser confrontada com a mentalidade contemporânea? Existem mudanças e permanências?

Com relação a esse intento, em *O Homem das Multidões*, Edgar Allan Poe narra detalhadamente os efeitos da modernidade no cotidiano das pessoas da Londres da primeira metade do século XIX. É a sensibilidade humana presente na vida dos participantes do contexto das novas e crescentes cidades modernas que esse autor apresenta com habilidade ímpar, como analisa Sevcenko:

> As cidades crescem incontrolavelmente, sem planejamento, infra-estrutura e condições básicas mínimas. Dentre todos os transtornos e misérias suscitados por esse novo estilo de vida (...) era justamente o seu ineditismo que tornava os indivíduos envolvidos perplexos e destituídos de recursos para entender e enfrentar uma situação completamente inesperada (Sevcenko, 1984-85, p. 71).

O conto do autor norte-americano descreve uma situação na qual um indivíduo, ainda convalescente de longa enfermidade, da sacada de um café londrino, observa a cidade em sua complexidade. Diferentes olhares são apresentados pelo narrador. O primeiro deles, embora revestido de caráter generalizador, busca uma descrição detalhada dos diferentes grupos sociais que formavam a multidão ocupante das ruas. Outro, particularizado, detidamente se volta para um indivíduo que se deslocava em meio à massa: "(...) surgiu-me à vista uma fisionomia (de um velho decrépito, de uns sessenta e cinco ou setenta anos de idade), uma fisionomia que imediatamente deteve e absorveu toda a minha atenção, por causa da absoluta peculiaridade de sua expressão". E é essa envolvente mistura de racionalidade e sentimento, presente no olhar do narrador em direção a um indivíduo em meio à multidão, que detona todas as ações presentes no conto: "Que estranha história não estará escrita naquele peito!".

O narrador, impressionado com a imagem do velho, é tomado do desejo de segui-lo pelas ruas da cidade e, após observar encontros e desencontros do ancião com a multidão (os quais revelavam sintomáticas mudanças de humor), desiste da "introspectiva" perseguição ao amanhecer, dizendo:

> Esse velho, (...) É o homem das multidões. Seria vão segui-lo, pois nada mais saberei dele e de seus atos. O pior coração do mundo é um livro mais espesso do que o *Hortulus Animae*[1], e talvez seja apenas uma das grandes misericórdias de Deus o fato de que "er lässt sich nicht lesen" (ele não se deixa ler).

A análise do conto à luz da prática do ensino de História mostra que o texto apresenta, criticamente, a mentalidade caótica do ser humano da cidade moderna, o qual sofre de inevitável perda de identidade na massa e de uma solidão provocada pelo anonimato na urbanidade. As diferentes facetas dessa mentalidade, gestada no crescimento desordenado da cidade moderna, foram descritas por Sevcenko ao citar Walter Benjamin:

> (...) a tensão que se observa na narrativa é justamente entre a massa disforme dos cidadãos, em confronto com a personalidade única e irredutível de cada um tomado isoladamente. (...) Só o *flâneur* [observador/narrador] se deu conta desse engodo voluntário e prefere levar às últimas consequências a ambiguidade dramática dessa situação. (...) A incorporação de uma identidade coletiva impele o homem da cidade para um comportamento automatizado. (...) Para Benjamin há algo em comum entre o criminoso [velho] e o *flâneur* [observador/narrador]: ambos se utilizam do anonimato na multidão para (...) darem vazão aos seus instintos antissociais. A multidão é o envoltório anódino que ao mesmo tempo estimula, possibilita e oculta tanto o crime quanto a perversão (Sevcenko, 1984-85, p. 74-5).

---

[1] *Hortulus Animae cum Orantiumculis Aliquibus Superadditis*, de Grünninger.

Tais fatores, que têm sua gênese no período histórico retratado pelo texto literário, não só permanecem na contemporaneidade como também abriram espaço para uma mentalidade narcisista e confusa no tocante à relação público/privado observada em nosso cotidiano. Nesse sentido, o exercício de análise de um texto literário permite a construção de um olhar detido não só à mentalidade de uma época representada mas também à possibilidade de verificar em que medida alguns elementos desse período permaneceram ou se modificaram em relação ao presente.

Percebe-se, assim, que um efetivo trabalho analítico do documento literário no ensino de História dota os alunos de habilidade descritiva, versatilidade na apreensão da temporalidade histórica e qualificação na interpretação da mentalidade de uma época. Essa dinâmica é imperiosa à medida que afasta os alunos da simplicidade analítica próxima ao senso comum na qual

> a História é vista como um produto acabado linear, e é-lhes difícil reconhecer os processos de desenvolvimento através de um tempo longo. Daí que por vezes, os alunos vejam e construam a história como uma linha de evolução binária e ou mesmo dicotômica: paz vs guerra; desenvolvimento vs estagnação; cultura vs ignorância, etc. Ou ainda, que a narrativa histórica é uma série de mudanças (acções e acontecimentos, invenções e descobertas) separadas por diversos períodos de tranquilidade ou vazio onde nada de relevante aconteceu (Durães; Melo, 2004, p. 62).

Pelo contrário, o uso da Literatura no ensino de História possibilita a efetividade de uma série de habilidades compartilhadas por professores e alunos. Juntos, eles podem perceber qual é a modalidade temporal do escrito, além de discutir e analisar as representações do tempo apresentado. Da mesma forma, podem descrever grupos sociais de um período histórico, perceber hierarquizações, enxergar posicionamentos políticos, desigualdades econômicas, diferenças culturais... Finalmente, é possível desvelar aspectos da mentalidade de uma época que nem sempre são descritos em textos de caráter historiográfico. Por meio do estudo da História com base em documentos literários é possível resgatar, por exemplo, elementos da história de grupos excluídos, aqueles que não puderam se expressar em sua sociedade num determinado período. Nesse sentido, a Literatura permite, mesmo por meio de narrativas recheadas de ficção, o diálogo com o pensamento humano no tempo. Com pensamentos que se apresentam nas entrelinhas dos escritos literários e podem ser resgatados e analisados conjuntamente formando a mentalidade de uma época:

> Nas aulas de história, a literatura tem o poder de materializar o perspectivismo e o relativismo dos conceitos e comportamentos humanos. É ferramenta essencial de compreensão da realidade histórica, porque traz informações de pontos de vista singulares, de grupos intelectualizados, que têm, pela natureza de sua arte, compromisso com a interpretação de aspectos sociais e individuais (Moraes, 2004, p. 105).

Um grande desafio está lançado. Aos professores que não se conformam a uma mentalidade de reprodução de narrativas historiográficas já postas, o uso da Literatura em sala de aula possibilita a construção do conhecimento histórico de maneira compartilhada e proporcionalmente dinâmica. Compartilhada por abrir espaço para a construção coletiva do conhecimento, em que alunos e professores possam investigar os diferentes caminhos propostos pela análise de documento literário. Dinâmica por possibilitar a pluralidade de análises que compreendem elementos temporais, descritivos e mentais. Atividade cara àqueles que visam ao desenvolvimento de uma compreensão da História qualitativa, consciente e prazerosa.

Sinopse

Neste capítulo foi possível observar diferentes aspectos de uma abordagem qualitativa de textos literários aplicada ao ensino de História. Por um lado, a detecção da modalidade temporal utilizada no escrito e o estudo das representações de uma temporalidade histórica ou fictícia conduzem a um efetivo estudo da mentalidade de uma época. Por outro, o resgate dessa mentalidade subjacente ao texto literário tem a seu favor a possibilidade de construção da história de grupos marginalizados à época do escrito, os quais puderam ser representados na arte literária de forma descompromissada de narrativas historiográficas de cunho positivista. Tal riqueza possibilita aos alunos o desenvolvimento de habilidades que proporcionem a compreensão das diferentes perspectivas históricas de uma época em detrimento de uma costumeira leitura superficial, linear, dualista e evolucionista da História.

Para ler mais sobre o tema

BAKHTIN, Mikhail. *Questões de literatura e de estética:* a teoria do romance. Trad. Aurora F. Bernardini, J. Pereira Jr. et al. 3. ed. São Paulo: Editora da Unesp Hucitec, 1993. O terceiro capítulo intitulado *Plurilinguismo no romance* apresenta a narração literária como detentora de várias linguagens, as quais devem ser percebidas e analisadas em suas especificidades para a efetiva compreensão de qualquer obra literária.

DURÃES, Margarida; MELO, Maria do Céu. A leitura de romances e a aprendizagem da história contemporânea. In: Narrativas históricas e ficcionais: recepção e produção para professores e alunos. *Actas do I Encontro sobre Narrativas Históricas e Ficcionais*. Centro de Investigação em Educação e Psicologia, Universidade do Minho, 2004, p. 59-79. O artigo trata de um estudo realizado com alunos dos cursos de Licenciatura em História, Ensino de História e Arqueologia que analisaram, à luz da História, o romance *Tempos difíceis*, de Charles Dickens. Com base nas elaborações dos alunos, as autoras dividiram as respostas em cinco categorias temáticas que variavam de respostas simples relacionadas a datação do romance, biografia do autor, espaços apresentados na obra e uma visão positivista da História à noção perspectivada em relação às diferentes personagens do romance, fato que promove a compreensão da mentalidade de uma época. De modo geral, constataram que os alunos têm dificuldade de se desvencilhar de uma análise simplista, revestida da linearidade histórica de influência positivista.

LEITE, Lígia Chiappini Moraes. *O foco narrativo ou a polêmica em torno da ilusão*. 6. ed. São Paulo: Ática, 1997. No último capítulo, a autora trata das aproximações e dos distanciamentos existentes entre História e Literatura no que se relaciona ao estudo do foco narrativo, aspecto que auxilia na análise da narrativa literária como documento histórico.

PESAVENTO, Sandra Jatahy. *História e História Cultural*. Belo Horizonte: Autêntica, 2003. Nesse texto, a autora discorre sobre a importância da História Cultural para a História com base em um novo olhar epistemológico cuja referência é o conceito de representação. Assim, Literatura e História encontram-se à medida que o historiador busca na narrativa literária representações de diferentes ordens (históricas, sociais) com o objetivo de resgatar a mentalidade de um tempo.

SEVCENKO, Nicolau. Perfis urbanos terríveis em Edgar Allan Poe. *Revista Brasileira de História*, São Paulo, v. 5, n. 8-9, p. 69-83, set. 1984-abr. 1985. Obras do autor norte-americano que retratam o surgimento das grandes cidades no século XIX são analisadas considerando-se uma visão historiográfica de acordo com diferentes aspectos: solidão, crime, doença e sedução.

As obras citadas a seguir apresentam análises historiográficas de narrativas literárias brasileiras e/ou estrangeiras:

- AGUIAR, Flávio Wolf de; LEITE, Lígia Chiappini Moraes (Orgs.). *Literatura e História na América Latina*. São Paulo: Edusp, 1993.
- CHALHOUB, Sidney; PEREIRA, Leonardo Affonso de Miranda. *A História contada* – capítulos de história social da Literatura no Brasil. Rio de Janeiro: Nova Fronteira, 1998.
- MORAES, Dislane Zerbinatti. A "tagarelice" de Macedo e o ensino de História do Brasil. *História*. v.23, n.1-2, Franca, 2004, p. 85-107.

Referências bibliográficas

BAKHTIN, Mikhail. *Questões de literatura e de estética: a teoria do romance*. Trad. Aurora F. Bernardini, J. Pereira Jr. et alli. 3 ed. São Paulo: Editora da Unesp; Hucitec, 1993.

DURÃES, Margarida; MELO, Maria do Céu. A leitura de romances e a aprendizagem da história contemporânea. In: Narrativas históricas e ficcionais: recepção e produção para professores e alunos. *Actas do I Encontro sobre Narrativas Históricas e Ficcionais.* Centro de Investigação em Educação e Psicologia, Universidade do Minho, 2004, p. 59-79.

LEITE, Lígia Chiappini Moraes. *O foco narrativo ou a polêmica em torno da ilusão.* 6. ed. São Paulo: Ática, 1997.

MORAES, Dislane Zerbinatti. A "tagarelice" de Macedo e o ensino de História do Brasil. *História.* v.23, n.1-2, Franca, 2004, p. 85-107.

PESAVENTO, Sandra Jatahy. *História e História Cultural.* Belo Horizonte: Autêntica, 2003.

POE, Edgar Allan. O homem das multidões. In: *Ficção completa, poesias e ensaios.* Organizado, traduzido e anotado por Oscar Mendes com a colaboração de Milton Amado. Rio de Janeiro: Nova Aguilar, 1997.

SEVCENKO, Nicolau. Perfis urbanos terríveis em Edgar Allan Poe. *Revista Brasileira de História,* São Paulo, v. 5, n. 8-9, p. 69-83, set. 1984-abr. 1985.

CAPÍTULO 4
Letras de música e aprendizagem de História[1]

Questão para reflexão

A música está presente em nosso cotidiano. É veículo de representação dos sentimentos das pessoas. Quem não tem uma música preferida? Quem não ouve ou cantarola canções que alegram, distraem ou marcam sua vida? Da mesma forma, ela é utilizada para representar a relação com a pátria, com a religião, com as pessoas, com os diferentes espaços nos quais transitamos diariamente. Ela é um

> (...) produto social (...) [que] representa modos de ver o mundo, fatos que acontecem na vida cotidiana, expressa indignação, revolta, resistência, e mesmo que tenha um tema específico, ela traz informações sobre um conjunto de elementos que indiretamente participam da trama. No Brasil, a música popular é especialmente importante porque, para a maioria da população, as formas de comunicação oral são muito mais fortes que a escrita (Abud; Glezer, 2004, p. 12).

---

[1] Este capítulo teve a colaboração de Milton Joeri Fernandes Duarte, mestre e doutorando pela Faculdade de Educação da Universidade de São Paulo (Feusp).

O principal objetivo deste capítulo é discutir fatores que mostrem a importância da música para a construção do conhecimento histórico no espaço escolar. Dessa forma, as representações históricas elaboradas pelos alunos e motivadas pela música podem ser compreendidas e trabalhadas de maneira diagnóstica pelo professor por meio da utilização de uma didática voltada para as especificidades da linguagem musical, transformando-se, assim, numa ponte entre a consciência histórica e o passado histórico.

Teoria e aspectos metodológicos

A música não se constitui apenas em uma combinação de notas dentro de uma escala mas também em ruídos de passos e bocas, sons eletrônicos ou, ainda, em vestimentas e gestos do cotidiano de determinados indivíduos que gostam de um tipo de som. Essas particularidades revelam que a música hoje é produto de longas e incontáveis vivências coletivas e individuais com as experiências de civilizações diversas ao longo da história. Portanto, não podemos nos espantar ao nos depararmos com novas experiências que revelam as várias facetas – concretas e abstratas – das quais a música é constituída:

> (...) o antropólogo americano Alan P. Merriam formulou uma "teoria da etnomusicologia", na qual reforçou a necessidade da integração dos métodos de pesquisa musicológicos e antropológicos. Música é definida por Merriam como um meio de interação social, produzida por especialistas (produtores) para outras pessoas (receptores); o fazer musical é um comportamento aprendido, através do qual sons são organizados, possibilitando uma forma simbólica de comunicação na inter-relação entre indivíduo e grupo (Pinto, 2001, p. 224).

Quando se fala em ouvir e entender música, fala-se de percepção musical. Entende-se como percepção o processo pelo qual o ser humano organiza e vivencia informações, estas, basicamente, de origem sensória. Longe de existir um consenso, a relação entre música e percepção cognitiva é assunto que já causou polêmica entre representantes de diversas disciplinas. Há psicólogos que acreditam nos processos cognitivos como elementos universais de natureza, pois cada ser humano dispõe de um sistema nervoso. Optamos pela visão oposta, que vê na diversidade cultural a predisposição para uma preferência e seleção naturais dos padrões visuais e auditivos, fazendo de cada processo cognitivo um caso específico e culturalmente impregnado (Pinto, 2001, p. 236-7).

Nesse sentido, desenvolveremos nossa linha de raciocínio entendendo que todas essas questões sobre a essência da música acabam por ser respondidas com base nas especificidades culturais de cada povo, grupo social e indivíduos, ou seja, a música deve ser compreendida como arte e conhecimento sociocultural.

Música é linguagem. Assim, devemos expor o jovem à linguagem musical de forma a criar um espaço de diálogo a respeito de música e por meio dela. Como acontece com qualquer outra linguagem, cada povo, grupo social ou indivíduo tem sua expressão musical. Portanto, cabe ao professor, antes de transmitir sua própria cultura musical (no caso, relacionada ao conhecimento histórico), pesquisar o universo musical ao qual o jovem pertence e, daí, encorajar atividades relacionadas com a descoberta e construção de novas formas de conhecimento por meio da música.

Qualquer que seja nosso comportamento diante da música, de alguma maneira dela nos apropriamos e criamos algum tipo de representação. Sabemos da alegria que os jovens experimentam ao se comunicarem por meio das suas músicas, executadas ou simplesmente ouvidas, pois nelas vivem, acolhem e expressam sua diversidade cultural – o que lhes parece, com frequência, ser o valor essencial na escuta e na atividade musicais. Com isso, conseguem dividir e se respeitar, pois cada um pode ter a sua parte de colaboração no espaço musical, seja como executor, seja como audiência. O importante é participar de um movimento cultural e criar um vínculo, uma identidade com o grupo.

Outro aspecto fundamental na relação entre História, música e o processo de aprendizagem é a articulação entre texto e contexto para que a análise histórica não seja reduzida, limitando, assim, a própria importância do objeto analisado. O grande desafio do pesquisador é mapear os sentidos embutidos numa obra musical, bem como suas formas de inserção na sociedade e na história.

O problema da recepção cultural tem sido um dos grandes desafios dos estudos culturais. Tal dificuldade é ampliada, no caso da história cultural da música, na medida em que o objeto se encontra distante no tempo e foi construído com base em uma diacronia que implica a impossibilidade de reconstruir ou mapear a experiência cultural dos agentes que tomaram parte no processo estudado. Como mapear e compreender os "usos e apropriações" (de Certeau, 2000, p. 40) que os alunos fazem da música?

O aluno, mesmo sem conhecimento técnico, possui dispositivos (alguns inconscientes) para dialogar com a música. Esses dispositivos, verdadeiras competências de caráter espontâneo ou científico, não são fruto apenas da subjetividade do ouvinte diante da experiência musical; eles sofrem influência de ambientes socioculturais, valores e expectativas político-ideológicas, situações específicas de audição – repertórios culturais socialmente dados. O diálogo-decodificação-apropriação dos ouvintes não ocorre de forma isolada pela letra ou pela música, mas no encontro, tenso e harmônico a um só tempo, desses dois parâmetros básicos e dos outros elementos que influenciam a produção e a apropriação da canção (vestimentas, comportamento e dança).

A visão clássica que separa músicos e ouvintes em dois blocos estanques e delimitados deve ser revista. Um compositor ou músico profissional é, em certa medida, um ouvinte, e sua escuta é fundamental para a sua própria criação musical. Por outro lado, os ouvintes não constituem um bloco coeso. Nem é um grupo formado por uma massa de manipulados pela indústria cultural, tampouco por um agrupamento caótico de indivíduos irredutíveis em seu gosto e em sua sensibilidade. Na realidade, o ouvinte opera num espaço de relativa liberdade, influenciado por estruturas objetivas (comerciais, culturais e ideológicas) que lhe organizam um campo de escutas e experiências musicais (Napolitano, 2002, p. 82).

Na verdade, os agentes e instituições formadoras do gosto e das possibilidades de criação musical preocupam-se, habitualmente, com o consumo imediato desse produto. Cabe ao professor entender esse processo e articular de modo hábil o contexto histórico mais amplo do período estudado com as músicas apresentadas aos alunos. Trata-se de uma maneira de problematizar a "escuta" musical do aluno em relação ao processo de construção do conhecimento histórico. Segundo Arnaldo Contier (1991, p. 151):

> Os sentidos enigmáticos e polissêmicos dos signos musicais favorecem os mais diversos tipos de escuta ou interpretações – verbalizadas ou não – de um público ou de intelectuais envolvidos pelos valores culturais e mentais, altamente matizados e aceitos por uma comunidade ou sociedade. A partir dessas concepções, a execução de uma mesma peça musical pode provocar múltiplas "escutas" (conflitantes, ou não) nos decodificadores de sua mensagem, pertencentes às mais diversas sociedades, de acordo com uma perspectiva sincrônica ou diacrônica do tempo histórico.

Todas essas questões de ordem histórica, sociológica e antropológica não negam o nível da experiência estética subjetiva da música, mas colocam outra ordem de reflexões ligadas às questões cognitivas do processo de construção do conhecimento histórico em sala de aula.

Assim, no que concerne à História Cultural, a relação entre conhecimento histórico e música resolve-se no plano epistemológico mediante aproximações e distanciamentos. Nesse âmbito, são entendidas como diferentes formas de expressar o mundo, que guardam distintas aproximações com o real. O conhecimento histórico e a produção musical são formas de explicar o presente, inventar o passado e imaginar o futuro. Utilizam estratégias retóricas de forma a narrar esteticamente os fatos sobre os quais se propõem a falar. Da mesma maneira, representam inquietudes e questões que mobilizam os homens e, como possuem um público destinatário (leitor e ouvinte), atuam como aproximações que unem o conhecimento histórico e a música.

Esse percurso nos mostra que as representações históricas construídas pelos alunos com base na música podem ajudar na construção do conhecimento histórico ao propiciar a identificação dos diferentes significados dos elementos definitivos e provisórios contidos nessas representações. Esses elementos podem ser compreendidos e trabalhados de maneira diagnóstica pelo professor por meio dos instrumentos de leitura histórica da linguagem musical, processo que pode se transformar numa ponte entre a realidade atual e o passado histórico.

Desde o final dos anos de 1960, vem se desenvolvendo uma área de investigação relacionada ao pensamento histórico dos alunos para que suas representações possam ser analisadas de forma a enfatizar o contraste entre o sentido do "provisório" e do "definitivo" no pensamento do adolescente, pois é a partir dessa fase que o sistema de probabilidade torna-se organizado e ocorre uma síntese entre acaso e operações (Barca, 2000, p. 35). Em outras palavras, é na adolescência que as operações mentais do pensamento histórico passam a ser sistematizadas com maior profundidade de forma que ocorra uma relação qualitativa entre o aprendizado de conceitos históricos substantivos e sua aplicação prática cotidiana.

Considerando esses aspectos, é salutar a utilização da linguagem musical no ensino de História com o objetivo de estimular os alunos a buscar compreender por quais motivos as pessoas atuaram no passado de determinada forma e o que pensavam sobre a maneira como o fizeram (ainda que não tenham maturidade suficiente para a total apreensão do objeto estudado – lembremos que os historiadores ao pesquisar essas fontes realizam semelhante operação mental). Tal processo permite que os professores verifiquem se seus alunos utilizam modelos definitivos ou provisórios de explicação histórica e, ao mesmo tempo, averiguem se, no emprego de uma dessas noções, é possível extrair sentidos e influências implícitas às explicações, partindo do pressuposto que a progressão das ideias é algo comprovado nos alunos no que tange à compreensão do processo histórico.

Sugestão de atividade

No ensino de História, a linguagem musical pode ser utilizada de várias maneiras. O exercício de análise da letra de uma canção, do gênero musical e dos diferentes sons produzidos do ponto de vista ilustrativo e, principalmente, de identificação da mentalidade predominante em determinado momento é de extrema relevância para a construção do conhecimento histórico.

Outra possibilidade, ainda mais abrangente, é a análise de documentos musicais à luz de um eixo temático. Essa prática permite não só o desenvolvimento de habilidades de leitura e interpretação do documento musical mas também a compreensão de conceitos históricos subjacentes às músicas escolhidas.

Como exemplo dessa prática, apresentaremos a análise de uma seleção de músicas que têm como tema central o processo de urbanização da cidade de São Paulo durante o século XX.

Certamente, há muitas maneiras de montar o cenário das décadas de transformação, de modo a mostrar aos alunos diferentes formas de manifestação cultural de cada momento histórico. Optamos, aqui, por um caminho mais atraente e marcante, pautado pela execução e análise de músicas significativas de cada momento de transformação da sociedade urbano-industrial paulistana. Afinal, por tudo que conseguiu transmitir e por todo o envolvimento social que tem provocado, a música acabou se constituindo numa das principais formas de manifestação cultural desse processo transcorrido no século passado.

Escolhemos seis músicas que retratam momentos diferentes: 1) *Batuque de Pirapora* (início do século XX), com Oswaldinho da Cuíca; 2) *São Paulo Antiga* (1950), de Oswaldinho da Cuíca; 3) *Último Sambista* (1968), de Germano Mathias; 4) *Aeroporto de Congonhas* (1976), do grupo Joelho de Porco; 5) *São Paulo By Day* (1976), do grupo Joelho de Porco; e 6) *Periferia é Periferia (Em qualquer Lugar)* (1997), do grupo Racionais MC's.

Inicialmente, essas canções devem ser trabalhadas nas instâncias de análise contextual. Nessa etapa, o professor mostra o contexto histórico, destacando o tempo e o espaço nos quais cada canção foi realizada como objeto cultural. Além disso, deve traçar o mapa dos circuitos socioculturais e das recepções e apropriações de cada música para que os alunos possam fazer uma análise satisfatória da estrutura do ritmo e da estrutura textual da canção (Napolitano, 2002, p. 100-2).

Para a efetivação dessa etapa, levamos em conta as quatro instâncias contextuais de cada uma das canções escolhidas:

1. **Criação**: a canção como produto de uma subjetividade artística influenciada por tradições e inovações estéticas, condição social e representação simbólica do artista em seu tempo.
2. **Produção**: a obra, como produto de um artista e plena de intenções comunicativas e subjetividades expressivas, passa para uma instância de produção e mediação que muitas vezes escapa ao artista, principalmente quando analisamos uma canção na esfera da indústria cultural.
3. **Circulação**: procura identificar o meio privilegiado de circulação e de escuta de uma canção, um gênero, um artista ou movimento musical.
4. **Recepção e apropriação**: formas de recepção das canções, que podem apresentar variantes de grupo ou classe social, poder aquisitivo, faixa etária, gênero, escolaridade, preferências ideológicas e culturais. Essas características de recepção implicam a forma de apropriação pelos grupos sociais, que podem mudar completamente o sentido inicial da música intencionado pelo artista-criador e pelas instituições responsáveis pela produção e circulação da canção.

Escolhidas as músicas de acordo com o tema proposto e explicadas essas instâncias de análise, devem ser entregues aos alunos as letras e as análises contextuais de cada canção:

CAPÍTULO 4 Letras de música e aprendizagem de História

**1. Batuque de Pirapora
– Oswaldinho da Cuíca
(início do século XX)**

Eu era menino
Mamãe disse eu vou-me embora
Você vai ser batizado
No samba de Pirapora
Mamãe fez uma promessa
Para me vestir de anjo
Me vestir de azul celeste
Na cabeça um arranjo
Ouviu-se a voz do festeiro
No meio da multidão:
Menino preto não sai
Aqui nessa procissão!
Mamãe, mulher decidida
Ao santo pediu perdão
Jogou minha asa fora
E me levou pro barracão!
Lá no barraco
Tudo era alegria
Negro batia na zabumba e
o boi gemia!

Iniciado o neguinho
No batuque do terreiro
Samba de Piracicaba, Tietê e
Campineiro
Os bambas da Pauliceia
Não consigo esquecer
Fredericão na zabumba

Fazia terra tremer
Cresci na roda de bamba
No meio da alegria
Eunice puxava o ponto
Dona Olímpia respondia
Sinhá caía na roda gastando
a sua sandália
E a poeira levantava
Com o vento das sete saias!

ANÁLISE CONTEXTUAL
Criação: início do século XX
Produção: CPC da UMES
(União Municipal dos Estudantes
Secundaristas de São Paulo), 1999.
Circulação: venda do CD
"História do samba paulista", v. I.
Recepção/Apropriação: estudantes
secundaristas e universitários,
além de estudiosos interessados
nas origens e na história do samba
de São Paulo.

**2. São Paulo Antiga –
Oswaldinho da Cuíca (1950)**

São Paulo antiga
Era tão linda era tão bela
Quanta saudade me traz dos
bondes
E os lampiões a gás

E hoje
É um gigante que sobe depressa
Não é história nem promessa
Vem ver
Vem ver São Paulo crescer
Vem ver São Paulo crescer!

3. Último Sambista – Germano Mathias (1968)

Adeus...
Tá chegando a hora
Acabou o samba
Adeus, Barra Funda, eu vou-me embora

Veio o progresso
Fez do bairro uma cidade
Levou a nossa alegria
Também a simplicidade...
Levo saudade
Lá do Largo da Banana
Onde nóis fazia samba
Todas noites da semana
Deixo este samba
Que eu fiz com muito carinho
Levo no peito a saudade
Nas mãos, o meu cavaquinho!
Adeus, Barra Funda...

ANÁLISE CONTEXTUAL
(canções 2 e 3)
Criação: samba urbano
Produção: CPC da UMES (União Municipal dos Estudantes Secundaristas de São Paulo), 1999.
Circulação: venda do CD "História do samba paulista", v. I.
Recepção/Apropriação: estudantes e estudiosos interessados nas origens e na história de São Paulo.

4. Aeroporto de Congonhas – Joelho de Porco (1976)

Triste comédia a família paulistana
Não tem fim de semana
Não tem praia nem montanha
Que tragédia
No aeroporto de Congonhas
Passa todos os domingos
Só pra ver avião descendo
Só pra ver avião subindo

Que tragédia
Sexta-feira aluga a Kombi
Vai lotada na "Emigrantes"
Pra um piquenique na Praia Grande
Que é gigante.
No aeroporto de Congonhas

Passa todos os domingos
Só pra ver avião descendo
Só pra ver avião subindo.

**5. São Paulo By Day –
Joelho de Porco (1976)**

Andando nas ruas do Centro
Cruzando o Viaduto do Chá
Eis que me vejo cercado
Trombadinhas querendo
me assaltar, me assaltar, me assaltar (...)

Trombadinhas que são
Que fazem do assalto a sua profissão
Na Avenida São João.
Bebericando cachaça
Sandália havaiana
Tentando assaltar
Na Praça Dom José Gaspar.

Tira a mão do meu bolso.

Andando nas ruas do Centro
Cruzando o Viaduto do Chá
Eis que me vejo cercado
Trombadinhas querendo
me assaltar, me assaltar, me assaltar (...)

ANÁLISE CONTEXTUAL
(canções 4 e 5)
Criação: grupo de rock considerado um dos precursores da música punk *no Brasil.*
Produção: LP de 1976 (gravadora comercial).
Circulação: execução em rádio e venda do LP "São Paulo-1554 / Hoje".
Recepção/Apropriação: estudantes secundaristas e universitários de classe média.

**6. Periferia é Periferia
(Em qualquer Lugar) –
Racionais MC's (1997)**

Este lugar é um pesadelo periférico
Fica no pico numérico de população
De dia a pivetada a caminho da escola
À noite vão dormir enquanto os manos "decola"
Na farinha... hã! Na pedra... hã!
Usando droga de monte, que merda, hã!
Eu sinto pena da família desses cara!

Eu sinto pena, ele quer mas ele não para!
Um exemplo muito ruim pros moleque.
Pra começar é rapidinho e não tem breque.
Herdeiro de mais alguma Dona Maria
Cuidado, senhora, tome as rédeas da sua cria!
Fodeu, o chefe da casa trabalha e nunca está
Ninguém vê sair, ninguém escuta chegar
O trabalho ocupa todo o seu tempo
Hora extra é necessário pro alimento
Uns reais a mais no salário, esmola do patrão
Cusão milionário!
Ser escravo do dinheiro é isso, fulano!
360 dias por ano sem plano.
Se a escravidão acabar pra você
Vai viver de quem? Vai viver de quê?
O sistema manipula sem ninguém saber.
A lavagem cerebral te fez esquecer
que andar com as próprias pernas não é difícil.
Mais fácil se entregar, se omitir.
Nas ruas áridas da selva
Eu já vi lágrimas demais,
o bastante pra um filme de guerra!

Aqui a visão já não é tão bela
Se existe outro lugar. Periferia é periferia.

Um mano me disse que quando chegou aqui
Tudo era mato e só se lembra de tiro, aí
Outro maluco disse que ainda é embaçado
Quem não morreu, tá preso sossegado.
Quem se casou, quer criar o seu pivete ou não.
Cachimbar e ficar doido igual moleque, então.
A covardia dobra a esquina e mora ali.
Lei do Cão, Lei da Selva, hã...
Hora de subir!
"Mano, que treta, mano! Mó treta, você viu?
Roubaram o dinheiro daquele tio!"

CAPÍTULO 4 Letras de música e aprendizagem de História

Que se esforça sol a sol, sem descansar!
Nossa Senhora o ilumine, nada vai faltar.
É uma pena. Um mês inteiro de salário.
Jogado tudo dentro de um cachimbo, caralho!
O ódio toma conta de um trabalhador,
Escravo urbano.
Um simples nordestino.
Comprou uma arma pra se autodefender.
Quer encontrar
o vagabundo, desta vez não vai ter... "boi"
Não vai ter "boi"
"Qual que foi?"
Não vai ter "boi"
"Qual que foi?"
A revolta deixa o homem de paz imprevisível.
Com sangue no olho, impiedoso e muito mais.
Com sede de vingança e prevenido.

Com ferro na cinta, acorda na... madrugada de quinta.
Um pilantra andando no quintal.
Tentando, roubando as roupas do varal.

Olha só como é o destino, inevitável!
O fim de vagabundo é lamentável!
Aquele puto que roubou ele outro dia
Amanheceu cheio de tiro, ele pedia!
Dezenove anos jogados fora!
É foda!
Essa noite chove muito.
Porque Deus chora.

Muita pobreza, estoura violência!
Nossa raça está morrendo.
Não me diga que está tudo bem!

Vi só de alguns anos pra cá, pode acreditar.
Já foi bastante pra me preocupar.
Com dois filhos, periferia é tudo igual.
Todo mundo sente medo de sair de madrugada e tal.
Ultimamente, andam os doidos pela rua.
Loucos na fissura, te estranham na loucura.
Pedir dinheiro é mais fácil que roubar, mano!
Roubar é mais fácil que trampar, mano!

É complicado.
O vício tem dois lados.
Depende disso ou daquilo, tá tudo errado.
Eu não vou ficar do lado de ninguém, por quê?
Quem vendia droga pra quem?
Hã
Vem pra cá de avião ou pelo porto ou cais.
Não conheço pobre dono de aeroporto e mais.
Fico triste por saber e ver
Que quem morre no dia a dia é igual a eu e a você.
Periferia é periferia.
Periferia é periferia.
"Milhares de casas amontoadas"
Periferia é periferia.
"Vadiou, ficou pequeno. Pode acreditar"
Periferia é periferia.
"Em qualquer lugar. Gente pobre"
Periferia é periferia.
"Vários botecos abertos. Várias escolas vazias"
Periferia é periferia.
"E a maioria por aqui se parece comigo"
Periferia é periferia.
"Mães chorando. Irmãos se matando. Até quando?"
Periferia é periferia.
"Em qualquer lugar. É gente pobre"
Periferia é periferia.
"Aqui, meu irmão, é cada um por si"
Periferia é periferia.
"Molecada sem futuro eu já consigo ver"
Periferia é periferia.

ANÁLISE CONTEXTUAL
Criação: grupo de rap engajado no movimento hip hop *da periferia de São Paulo.*
Produção: CD de 1997 (gravadora comercial).
Circulação: execução em TV, rádio e venda do CD Sobrevivendo no inferno.
Recepção/Apropriação: jovens de todas as faixas etárias e classes sociais, mas, principalmente, os jovens da periferia ligados ao movimento.

Após a execução das seis canções, em ordem cronológica, a turma pode ser dividida em grupos para executarem as seguintes tarefas:

a) propor um eixo temático para as músicas;
b) identificar as variações desse tema por meio da música;
c) destacar os conteúdos históricos e geográficos que poderiam ser estudados em sala de aula por meio do eixo temático contemplado pelas músicas.

Como citado anteriormente, tomamos como exemplo de temática central a urbanização da cidade de São Paulo. A questão da urbanidade proporciona um amplo leque de possibilidades de análise, pois as cidades constituem territórios que condicionam numerosas experiências pessoais e coletivas. Sob a cidade tangível e física, outras invisíveis são construídas por múltiplas memórias e vivências urbanas que evidenciam o processo histórico de sua formação. Estudar o processo histórico da urbanização das cidades por meio da música possibilita apreender a percepção dessa dinâmica por parte de seus cidadãos ao longo do tempo.

Em relação aos conteúdos históricos que poderiam ser abordados em sala de aula por meio dessas músicas, podemos destacar expansão cafeeira e industrialização, formação da classe operária, violência e discriminação social, entre outros. Ao final desse processo, ou seja, após o desenvolvimento, por parte do professor, de cada um desses conteúdos, pode-se retomar com os alunos, como encerramento da proposta, a análise da estrutura rítmica e textual da canção.

Obviamente, as perguntas devem ser adequadas à seriação na qual os alunos estão inseridos. Elas podem versar sobre mudanças e permanências de várias ordens:

a) em relação à música: gênero musical, ritmo, instrumento musical etc.

b) em relação à letra: grupos sociais (quais foram citados, como foram descritos).

Além disso, podem ser apreendidos os elementos da música que descrevem a época representada (descrição de lugares, vestimentas, expressões idiomáticas, som dos instrumentos, arranjos musicais etc.) ou pode ser discutida a intencionalidade do autor (posicionamento diante da situação ou do tema representado), entre outras práticas.

No quadro a seguir, apresentamos, como exemplo, quatro caminhos analíticos que poderiam ser percorridos no estudo da História com base nas músicas que citamos e na temática proposta:

Sugestões de análise comparativa das músicas

1) Elaborar uma linha do tempo procurando contextualizar historicamente cada uma das canções.
   - **Canção 1:** Expansão cafeeira e processo de urbanização (final do século XIX e início do século XX).
   - **Canção 2:** República democrática populista com o janismo e o adhemarismo paulista nos anos de 1950.
   - **Canção 3:** Fechamento político do regime militar em 1968 (AI-5) e implantação de um modelo econômico atrelado ao capital estrangeiro.
   - **Canções 4 e 5:** Fim do milagre econômico (1970-1973) ocasionado pela crise do petróleo (1973) e início da abertura política.
   - **Canção 6:** Governo neoliberal de Fernando Henrique Cardoso (1995-2002) e ausência de políticas sociais efetivas.

2) Estabelecer as semelhanças e diferenças apresentadas pelas músicas 1 e 6 em relação às questões relativas ao preconceito e ao racismo.

CAPÍTULO 4 Letras de música e aprendizagem de História

- As canções são semelhantes ao relacionarem essas questões com a condição social de pobreza. A canção 1 evidencia o preconceito racial (o fato de o "menino preto" não sair de anjo na procissão), o que também pode nos levar à discussão do tema da escravidão e seus reflexos na sociedade contemporânea brasileira. Já a canção 6 permite que se debata o conceito de cidadania e que se revele a ausência dos princípios e direitos que compõem esse conceito nas periferias das grandes cidades.

3) Destacar os aspectos positivos e negativos do processo de urbanização apresentados pelas canções 2, 3, 4, 5 e 6.
    - Apenas a canção 2 revela o aspecto positivo do processo de urbanização da cidade que pode ser relacionado ao discurso populista do período representado pelo janismo e pelo adhemarismo, apesar do saudosismo romântico em relação à cidade de São Paulo da primeira metade do século XX, expresso na referência aos bondes e lampiões a gás. Já as demais canções revelam o lado negativo do crescimento urbano em vários aspectos: o fim da tradição do "samba de rua", no final dos anos de 1960 (canção 3), a falta de opções de lazer para as camadas mais pobres e a questão da violência social na década de 1970 (canções 4, 5 e 6) aborda o resultado desse processo, no final do século XX, e descreve uma periferia violenta e sem planejamento urbano.

4) Pesquisar a importância do samba, do rock e do rap como manifestações culturais representativas da sociedade contemporânea brasileira.
    - A canção 1, *Batuque de Pirapora*, é um exemplo da origem rural do samba paulista, cuja gênese está relacionada aos batuques das senzalas; as canções 2 e 3 exemplificam o samba urbano paulistano dos anos de 1950 e 1960, que reflete a própria trans-

> formação do espaço da cidade. Já as canções 4 e 5 são exemplos do rock produzido em meados da década de 1970, com influência tropicalista e aberto às novas tendências internacionais representadas pelo movimento *punk*. O rap, representado pela canção 6, reflete um movimento cultural das periferias das grandes cidades brasileiras que surgiu em meados dos anos de 1980: o *hip hop*. Assimilando a linguagem do *rap* norte-americano e misturando-a com a realidade sociocultural das periferias, os artistas do gênero expõem em suas composições a vida sofrida dos habitantes que fazem parte desse espaço urbano.

A utilização, no ensino de História, da análise das instâncias da linguagem musical e de suas formas de recepção constitui um grande desafio, não só pela quase inexistência documental a respeito dessas experiências, mas também pela ausência de uma discussão metodológica mais apropriada.

Todo esse percurso de utilização do documento musical à luz do ensino de História nos leva a buscar respostas para determinadas indagações, como: quais elementos históricos podem ser destacados por professores e alunos na utilização da linguagem musical no âmbito da sala de aula? Quais os diferentes significados dos elementos definitivos e provisórios contidos nas representações históricas desses jovens estimulados pela linguagem musical?

Independentemente das reflexões suscitadas por essas indagações, vale a pena ressaltar que a música, mais do que um recurso didático-pedagógico ou uma fonte documental, é arte e envolve o lúdico. Portanto, fica o desafio-sugestão: procure, por meio das canções, discutir novas dinâmicas do processo de aprendizagem e desenvolver a sensibilidade dos alunos em relação a essa importante manifestação artística.

Sinopse

Neste capítulo, foram observados alguns aspectos da utilização da linguagem musical no ensino de História que indicam como as representações históricas construídas pelos alunos, com o incentivo da música, podem ajudar na construção do conhecimento histórico ao propiciar a identificação dos diferentes significados dos elementos definitivos e provisórios contidos nessas representações. Estas podem ser compreendidas e trabalhadas de maneira diagnóstica pelo professor por meio da linguagem musical e, assim, se transformar numa ponte entre a realidade atual e o passado histórico de forma a reafirmar a ideia da História como um processo em constante transformação baseado na representação do presente.

Para ler mais sobre o tema

CONTIER, Arnaldo Daraya. Música no Brasil: história e interdisciplinaridade – algumas interpretações (1926-1980). In: Anais do SIMPÓSIO DA ASSOCIAÇÃO NACIONAL DOS PROFESSORES DE HISTÓRIA – HISTÓRIA EM DEBATE: PROBLEMAS, TEMAS E PERSPECTIVAS, 16, 22-26 jul. 1991, Rio de Janeiro, p. 151-89. Aborda as linhas de análise da linguagem musical de natureza interdisciplinar, as quais podem ser utilizadas na área pedagógica.

NAPOLITANO, Marcos. *História e música* – história cultural da música popular. Belo Horizonte: Autêntica, 2002. (História e Reflexões). Procura enfocar a utilização da canção, seja como fonte para a pesquisa histórica, seja como recurso didático em sala de aula, apontando um conjunto de questões teórico-metodológicas que procura sistematizar procedimentos básicos para orientar o pesquisador e o professor em uma abordagem produtiva e instigante em relação ao documento-canção.

PINTO, Tiago de Oliveira. Som e música. Questões de uma antropologia sonora. In: *Revista de Antropologia*, São Paulo, v. 44, n. 1, p. 221-86, 2001. Enfoque antropológico da música. A obra estabelece a relação entre a cultura e a linguagem musical e procura investigar as estruturas musicais que servem de referência para a percepção do som, utilizando, para isso, o conceito de paisagens sonoras.

As obras a seguir são livros paradidáticos que tratam do assunto e apresentam possibilidades de trabalho com alunos do Ensino Fundamental e Médio:

- BRANDÃO, Antonio Carlos; DUARTE, Milton Fernandes. *Movimentos culturais de juventudes*. São Paulo: Moderna, 1990. (Polêmica).
- NAPOLITANO, Marcos. *Cultura brasileira* – utopia e massificação (1950-1980). São Paulo: Contexto, 2001.
- WORMS, Luciana Salles; COSTA, Wellington Borges. *Brasil século XX* – Ao pé da letra da canção popular. Curitiba: Nova Didática, 2002.

Referências bibliográficas

ABUD, Kátia Maria; GLEZER, Raquel. A música popular: resistência e registro. In: *História* – módulo 4. Programa Pró-Universitário (São Paulo: Universidade de São Paulo e Secretaria da Educação do Estado de São Paulo), São Paulo: Dreampix Comunicação, 2004.

BARCA, Isabel. *O pensamento histórico dos jovens*. Braga: Centro de Estudos em Educação e Psicologia – Instituto de Educação e Psicologia da Universidade do Minho, 2000.

CONTIER, Arnaldo Daraya. Música no Brasil: história e interdisciplinaridade – algumas interpretações (1926-1980). In: Anais do SIMPÓSIO DA ASSOCIAÇÃO NACIONAL DOS PROFESSORES DE HISTÓRIA – HISTÓRIA EM DEBATE: PROBLEMAS, TEMAS E PERSPECTIVAS, 16, 22-26 jul. 1991, Rio de Janeiro, p. 151-89.

DE CERTEAU, Michel. *A invenção do cotidiano* – 1. Artes de fazer. 5. ed. trad. Ephraim Ferreira Senes. Petrópolis: Vozes, 2000.

NAPOLITANO, Marcos. *História e música* – história cultural da música popular. Belo Horizonte: Autêntica, 2002. (História e Reflexões).

PINTO, Tiago de Oliveira. Som e música – questões de uma antropologia sonora. In: *Revista de Antropologia*, São Paulo, v. 44, n. 1, p. 221-86, 2001.

CAPÍTULO 5
Estudo do meio e aprendizagem de História

Questão para reflexão

O estudo do meio representa uma excelente estratégia para a construção do conhecimento histórico por professores e alunos pelo fato de unir pesquisa, contato direto com um contexto (meio), sua observação e descrição, aplicação de entrevistas, análise de elementos que compõem o patrimônio histórico e memória.

Outra vantagem do estudo do meio é que, dependendo do local ou da região escolhida para se desenvolver o estudo, ele pode adquirir uma configuração interdisciplinar. As atividades podem envolver professores das áreas de Ciências e Geografia, o que não exclui a participação de disciplinas como Matemática – exercícios com os dados sociais e econômicos obtidos por meio da pesquisa, como a criação de estatísticas, quadros comparativos, dependendo da faixa etária dos alunos – e Literatura. No exemplo que apresentaremos é possível utilizar obras de Monteiro Lobato.

Os professores podem se valer dos estudos do meio para construir e sistematizar o conhecimento, mostrando, por intermédio da interação direta com o contexto e seu passado (nosso principal interesse), as intersecções entre memória, patrimônio e história e, ainda, dessa forma de conhecimento com outras formas.

Para que a preparação do estudo do meio seja bem-sucedida, as pesquisas e visitas prévias do professor aos locais selecionados são vitais, assim como a apresentação da proposta aos alunos e a realização, por parte deles, de uma pesquisa que anteceda a viagem, necessária para o processo de contextualização e compreensão dos significados do que irá ser estudado, pesquisado e construído.

Com base nessas considerações iniciais, procuraremos responder, ao longo deste capítulo, a seguinte questão: Como o desenvolvimento de estudos do meio pode ajudar professores e alunos na construção do conhecimento histórico?

Teoria e aspectos metodológicos

Como no caso do uso de fotografias e outros recursos documentais, o professor, para desenvolver um trabalho inovador, com qualidade e foco, precisa eleger um eixo temático capaz de permitir a relação com outros processos envolvidos nos eventos históricos. Como dito anteriormente, a escolha do eixo precisa levar em conta o projeto da escola.

No Brasil, o início da utilização de estudos do meio no ensino de História remonta à década de 1960, época marcada pela experimentação no ensino, com o surgimento de escolas que testavam currículos, métodos e conteúdos. Esse processo foi resultado de mudanças na concepção, no tratamento e nas práticas pedagógicas da disciplina de História ocorridas nos anos 1940 e 1950 e da ampliação do alcance da escola secundária. Essa ampliação ocorreu em razão das transformações geradas pela Segunda Guerra Mundial e pela crescente industrialização e urbanização, que levaram as classes médias urbanas e populares a reivindicarem acesso a esse grau de ensino. Entretanto, as críticas quanto à inutilidade e inoperância das novas práticas continuaram impregnadas por um discurso elitista e conservador[1].

---

[1] Para mais informações sobre esse contexto, ver NADAI, Elza. O ensino de história no Brasil: trajetória e perspectiva. *Revista Brasileira de História*, São Paulo, v. 13, n. 25-26, p. 156-57, set. 1992-ago. 1993.

CAPÍTULO 5 Estudo do meio e aprendizagem de História

Segundo Nadai (1992-1993), essas inovações (entre as quais estava a ênfase nos estudos do meio) eram direcionadas para a interdisciplinaridade e para a aceitação do aluno como corresponsável no processo educativo: "No que se refere à História, houve uma abertura para outras ciências humanas, com o entendimento de que era necessário superar o seu isolamento, enfatizando o seu caráter problematizador e interpretativo" (Nadai, 1992-1993, p. 156).

Entre outros aspectos, os estudos do meio permitem que alunos e professores entrem em contato direto com elementos que formam um patrimônio cultural regional ou local (fazendas, monumentos, prédios históricos). Esse patrimônio remete a um espaço e tempo específicos e suas formas de sociabilidade, além dos significados atribuídos a eles pelas pessoas no presente, o que alimenta a construção da memória e do imaginário[2].

De acordo com Meneses (1991), há quatro categorias de valores que operam na definição do significado cultural de um bem. Os valores cognitivos são os que mais têm relação com o desenvolvimento de um estudo do meio, pois são associados à possibilidade de conhecimento:

> O domínio da informação, de que o objeto (então transformado em documento) é suporte, pode ser muito diversificado e se inicia com o que ele tem a dizer de sua própria existência material: as matérias-primas, sua obtenção e processamento, sua morfologia e fisiologia, os saberes exigidos, as múltiplas condições técnicas, sociais, econômicas, políticas, ideológicas e simbólicas de produção, práticas e representações (Meneses, 1991, p. 193).

Apesar das diferenças de aplicação, o estudo do meio compartilha algumas etapas comuns em atividades nas quais utilizamos outros instrumentos e documentos, como a pesquisa e preparação

---

[2] Para ler mais sobre o conceito de patrimônio cultural, ver MENESES, Ulpiano T. Bezerra de. O patrimônio cultural entre o público e o privado. In: *O direito à memória:* patrimônio histórico e cidadania. São Paulo: DPH/SMC, 1991, p. 189-90.

prévias do professor e dos alunos, o debate e a apresentação dos dados obtidos, além da criação de um "produto" final.

Sugestão de atividade

O estudo do meio tem sido uma das principais estratégias de ensino utilizadas na construção do conhecimento histórico, pois possibilita a união prática entre pesquisa e representações dos alunos e professores sobre a temática escolhida e sua discussão. Essa união ocorre por meio da "ida a campo" (que não precisa ser, necessariamente, áreas rurais), a qual permite o contato direto com os vestígios do passado: monumentos, prédios antigos, objetos e documentos.

Partindo das premissas teóricas e metodológicas apresentadas, sugerimos um exemplo de estudo do meio para ser realizado com alunos do Ensino Fundamental ou Médio. Essa sugestão pode ser adaptada às condições de cada realidade escolar ou utilizada como modelo para o desenvolvimento de outros estudos do meio.

Eixo temático: trabalho e cotidiano

O estudo das mudanças nas relações do trabalho em determinada localidade ou região (em determinado período) permite-nos compreender melhor como era o cotidiano das pessoas no passado e como esse modo de viver foi se alterando ao longo do tempo, de forma a compor o cenário atual.

No exemplo escolhido, trataremos do funcionamento e da organização das fazendas de café brasileiras do século XIX. Tomaremos como base as relações de trabalho centradas no escravo. Para tanto, delimitamos uma área, o Vale do Paraíba, procurando entender as causas do seu declínio e substituição pelo Oeste Paulista como principal região produtora de café, e perceber os impactos sentidos, ainda hoje, na região do vale, cujas cidades que se dedicavam, na época, ao cultivo do produto, passaram a ser chamadas de "Cidades Mortas".

CAPÍTULO 5 Estudo do meio e aprendizagem de História

A escolha poderia ter recaído sobre qualquer outra região ou cidade, consequentemente, trataríamos de outras estruturas socioeconômicas. Poderíamos, por exemplo, abordar as relações do trabalho no ciclo do ouro, em Minas Gerais, ao longo do século XVIII; a economia açucareira, que definiu o modo de vida de diferentes cidades do Nordeste; o ciclo da borracha na Amazônia ou a pecuária bovina em diferentes regiões do Brasil. Trata-se, portanto, de uma proposta, que deve ser adaptada de acordo com a região e com as possibilidades de trabalho.

Objetivos

- Com base na pesquisa e nas atividades de campo, levar os alunos a compreender como eram as relações locais de trabalho e sua influência no cotidiano, assim como as transformações advindas das mudanças econômicas.
- Ensinar os estudantes a ver objetos e edifícios que compõem o patrimônio cultural como depositários da memória e pontos de referência ou fontes para a construção da História.
- Mostrar como a observação, aliada à pesquisa, ao debate e à utilização de questionários, pode contribuir para a construção do conhecimento histórico, seja escolar, seja acadêmico.

Nível dos alunos

A partir da 2ª série (atual 3º ano). Nessa faixa etária, os alunos são capazes de compreender noções básicas, como modo de vida e cotidiano.

Materiais

Cadernos, canetas, questionários para entrevistas, cartolinas para elaboração de cartazes, canetas hidrográficas, réguas, livros e textos para pesquisa e máquinas fotográficas (se possível).

Duração da atividade

A duração do trabalho pode variar muito, pois depende das condições de cada região, da temática escolhida, da turma e do calendário escolar. Entretanto, sugerimos a utilização de cerca de dez aulas (horas). Também recomendamos, caso o trabalho inclua uma viagem, que ela seja programada para durar de um a dois dias.

Primeira fase

Trata-se do início da preparação do projeto. Após o professor ter definido o lugar ou a região, o que inclui pesquisa prévia, é necessário fazer uma visita para confirmar os dados da pesquisa e os locais que os alunos conhecerão; além disso, é preciso definir horários, procedimentos, custos, entre outros aspectos.

O Vale do Paraíba, primeira região a ser ocupada pela cultura do café, foi também a primeira a ser atingida pelas crises econômicas, que levou à decadência os centros produtores, como Areias, São José do Barreiro e Bananal. Com a derrocada econômica essas cidades, que tinham tido importante papel político e econômico, passaram a ser chamadas de "Cidades Mortas". A expressão "Cidades Mortas" foi utilizada por Monteiro Lobato como título de uma de suas obras, dedicada ao retrato do declínio da região, da qual ele provinha.

Apesar do desenvolvimento industrial, ocorrido no Vale do Paraíba a partir dos anos de 1950, essas cidades, por estarem distantes da rodovia federal Presidente Dutra, que liga as cidades de São Paulo e Rio de Janeiro, ficaram à margem desse processo de industrialização. A decadência remonta ao final do século XIX, quando a crise da produção cafeeira, gerada pelo desequilíbrio ecológico e pela abolição da escravidão, impossibilitou que a região competisse com o Oeste Paulista.

Em relação a essa fase, devem ser levantadas informações geográficas (relevo, população, entre outras) e ambientais necessárias ao envolvimento das outras disciplinas (caso a opção seja por um es-

CAPÍTULO 5 Estudo do meio e aprendizagem de História

tudo interdisciplinar), além das históricas, de natureza específica ou local – de município, bairro, farmácia antiga ou fazenda, por exemplo – e regional – implantação da economia cafeeira ou da produção de açúcar, ouro, algodão, dependendo da escolha.

Areias: fundada em 1748, conheceu sua fase áurea a partir de meados do século XIX, com o desenvolvimento da atividade cafeeira.

São José do Barreiro: o município pertenceu a Areias até 1865. Foi fundado por João Ferreira de Souza e por José dos Santos que, por volta de 1820, construíram uma igreja em honra a São José e doaram, a quem quisesse, terrenos do entorno, o que estimulou o povoamento. Nessa área, fica a fazenda Pau D'Alho, erigida especialmente para produzir café. No local, é possível conhecer a senzala (habitação dos escravos), a tulha (onde o café era selecionado e armazenado), o telheiro (área que concentrava os equipamentos para o beneficiamento do café), entre outras benfeitorias necessárias para a atividade cafeeira. Esse tipo de fazenda, caso seja visitada, pode revelar muito sobre o Brasil da época, tomando-se como base as relações de trabalho e produção.

Bananal: lugar de pouso para os viajantes que iam de São Paulo ao Rio de Janeiro, tornou-se cidade em 1849. Os barões locais conseguiram construir um ramal ferroviário com peças, trilhos e uma estação pré-fabricada importados da Bélgica. Inaugurada em 1889 e desativada em 1964, a estação, feita com chapas de aço galvanizado estampadas e vigas do mesmo metal, continua em pé, apesar de não estar mais funcionando[3].

Atualmente, a economia dessas cidades está baseada, principalmente, na pecuária e agricultura. De uns anos para cá, vem crescendo a importância das atividades turísticas, muitas vezes relacionadas à Serra da Bocaina.

---

[3] As informações para esse modelo foram obtidas, em grande parte, nas obras de Antonio Luiz Dias de Andrade, Carlos G. F. Cerqueira, José Saia Neto, Tânia Andrade Lima, Tom Maia e Thereza Regina C. Maia citadas nas referências bibliográficas. Além dessas fontes, recorremos ao histórico do município de Areias.

Segunda fase

De posse dos dados prévios, o professor explica aos alunos os objetivos do estudo do meio – no caso do nosso exemplo, compreender o cotidiano das fazendas produtoras de café do Vale do Paraíba do século XIX com base no estudo das relações de trabalho relatadas por fontes escritas e materiais (objetos e edificações que compõem o patrimônio histórico regional). Nessa etapa, o professor também fornece o cronograma de atividades (incluindo a viagem), informa que materiais serão necessários e o que cada um terá de realizar no final do trabalho (os estudantes podem elaborar um texto, confeccionar um livro ou organizar uma exposição).

Quantidade de aulas necessárias: duas.

Terceira fase

Os alunos farão a pesquisa sobre a região escolhida. O professor deverá fornecer, previamente, informações sobre os locais (fazendas, museus, entre outros) que serão visitados e o que deverá ser visto. Isso não significa que se deva descartar sugestões feitas pelos alunos quanto a outros locais. Caso seja interessante e possível adotar as sugestões, isso pode significar grande estímulo à participação.

Para cada local a ser visitado, o professor deverá elaborar, junto com os alunos, um roteiro prévio de questões a serem feitas aos funcionários, que também são habitantes da região e, portanto, possuem informações que podem ser utilizadas na construção do conhecimento.

Nessa etapa, o professor pode utilizar quatro aulas.

Quarta fase

Os alunos e o professor viajam aos locais escolhidos. Esse é o momento das visitas, da aplicação dos questionários e de tirar fotos, caso sejam permitidas.

Tempo necessário: de um a dois dias.

CAPÍTULO 5 Estudo do meio e aprendizagem de História

Roteiro de atividades e observações para os alunos

Partindo do exemplo que escolhemos, as questões e propostas que compõem o roteiro deverão ser adaptadas de acordo com a temática a ser definida pelo professor. Por exemplo, se você estiver trabalhando com a produção açucareira de determinada região, deverá focar as questões para esse tipo de organização, incluindo diferentes atores sociais ou formas de se relacionar.

FAZENDA DE CAFÉ

1. Visite as dependências do local escolhido. Observe a disposição das construções e os cômodos. Anote as funções de cada um deles. Se possível, tire fotografias.
2. Com base nas observações, como era organizado o cotidiano da fazenda? Ele girava em torno do quê? Faça essa e as outras perguntas aos funcionários e procure respostas no material obtido em suas pesquisas prévias.
3. Qual o papel do escravo e do dono da fazenda com relação ao trabalho necessário para a produção do café?
4. Como os escravos viviam? Como eram tratados?
5. Como era o modo de vida dos barões do café e de suas famílias?
6. Qual era o papel da mulher nesse contexto social?
7. Quais são as características observadas que evidenciam a dependência econômica da região e do Brasil com relação à produção do café no século XIX?

ESTAÇÃO DE TREM

Vital para o escoamento da produção cafeeira, principalmente do Oeste Paulista, as ferrovias tiveram papel estratégico na segunda metade do século XIX e nas primeiras décadas do século XX. Algumas questões devem ser feitas às pessoas que trabalham no local, outras serão pesquisadas posteriormente. Se for possível, tire fotografias.

1. Em que estado de conservação está a linha férrea e a estação de trem de Bananal?
2. Por que a construção de ferrovias se revelou vital para a economia cafeeira?
3. Por que, no Brasil, em tempo mais recente as ferrovias foram substituídas por rodovias, para o transporte de cargas e passageiros?
4. Qual é o impacto dessa opção na economia e na vida das cidades que dependiam substancialmente do transporte ferroviário e que hoje possuem estações e linhas desativadas?

Entrevista com os moradores

O objetivo dessa atividade é conhecer um pouco mais do modo de vida atual dos moradores das cidades pelas quais os alunos e professores vão passar.

1. Como você vê sua cidade hoje em relação ao passado?
2. O que seus pais e avós contam do passado da região? Era melhor do que atualmente? Por quê?
3. Histórias sobre a época áurea ainda circulam? Conte uma para nós.
4. Como você vê o futuro da cidade?
5. E os jovens? Permanecem ou vão embora? Quais são as opções de emprego?
6. Cite os aspectos positivos e negativos de se morar aqui.

Quinta fase

O professor promoverá um debate em sala de aula sobre o trabalho desenvolvido em campo.

Os resultados do estudo do meio poderão ser organizados em uma exposição que destaque de forma comparativa o ontem e o hoje

CAPÍTULO 5 Estudo do meio e aprendizagem de História

da região ou do local pesquisado, mantendo a ênfase no eixo temático "trabalho e cotidiano". Imagens encontradas na pesquisa prévia e fotografias tiradas pelos alunos durante a visita poderão ser utilizadas como suporte para a produção dos textos da exposição.

Com base nos textos escritos pelos alunos, é possível elaborar um livro, uma revista ou um CD-ROM que incluam imagens pesquisadas e fotografias tiradas pelos estudantes. É recomendável dividir a sala em grupos para que cada um se dedique a uma cidade ou até mesmo a um dos locais visitados.

Nessa etapa, o professor pode utilizar quatro aulas, sem contar o tempo necessário para os alunos produzirem os textos ou a exposição em casa. O tempo em sala de aula deverá ser dedicado para orientar os alunos, visando à organização das informações obtidas.

Caso queira, o professor poderá elaborar um questionário para os alunos buscando auferir o aproveitamento deles nas atividades e na produção da exposição, do livro, da revista ou do CD-ROM. Os dados obtidos poderão servir para aprimorar o trabalho, incluindo o planejamento de futuros estudos do meio.

Infraestrutura necessária

- Pesquisas prévias realizadas pelo professor e pelo aluno servirão de base para apostilas com textos explicativos sobre a história da região e dos locais a serem visitados, roteiros de visitas e entrevistas. Sua confecção deverá ser feita por meio das pesquisas prévias realizadas pelo professor e pelos alunos.
- Transporte.
- Horários reservados para as refeições (café da manhã, almoço e jantar).
- Produtos para fazer os lanches e acordos com restaurantes para as demais refeições.
- Guias locais para determinados passeios.

Possíveis dificuldades

No desenvolvimento do estudo do meio podem surgir dificuldades, como a impossibilidade financeira de boa parte dos alunos para fazer a viagem. Se essa for a sua realidade, procure organizar uma viagem de um dia, a um local próximo, de modo que as despesas sejam reduzidas ao máximo (custos de transporte e lanche). A sensibilização da direção da escola, da comunidade e da Associação de Pais e Mestres (APM) para o projeto e sua colaboração financeira também são recursos a serem utilizados, o que, ainda, pode gerar um maior fortalecimento das relações entre alunos, professores e pais.

Sinopse

A utilização dos estudos do meio como ferramenta para a construção do conhecimento histórico escolar por professores e alunos depende da eleição de um eixo temático que permita a formulação das questões a serem feitas para o objeto de estudo ao longo da pesquisa e da ida a campo, o que inclui a aplicação de questionários.

Dependendo da região ou do local a ser visitado, o estudo pode tomar uma configuração interdisciplinar e envolver outras áreas do conhecimento.

Apresentamos aqui um modelo como sugestão de estudo do meio, centralizado no ensino de História, que pode ser utilizado para a criação de outros projetos de estudo do meio, incluindo novas informações e procedimentos, como questionários específicos para o trabalho com outras disciplinas.

Evidenciamos que os resultados obtidos podem gerar diferentes trabalhos ou "produtos finais", como livros, revistas ou exposições.

Para ler mais sobre o tema

MENESES, Ulpiano T. Bezerra de. O patrimônio cultural entre o público e o privado. In: *O direito à memória:* patrimônio histórico e cidadania. São

CAPÍTULO 5 Estudo do meio e aprendizagem de História

Paulo: DPH/SMC, 1991. Artigo apresentado na mesa-redonda *O público e o privado: propriedade e interesse cultural* como parte da programação do Congresso Internacional Patrimônio Histórico e Cidadania (1991). O autor analisa o papel dos edifícios e objetos elevados à categoria de patrimônio cultural como elementos que contribuem para a formação e a manutenção da memória e os conflitos de interesses públicos e privados nos processos de manutenção e tentativas de destruição dos edifícios.

NADAI, Elza. O ensino de história no Brasil: trajetória e perspectiva. In: *Revista Brasileira de História*, São Paulo, v. 13, n. 25-26, set. 1992-ago. 1993. A autora faz um relato da estruturação da História como disciplina escolar, incluindo a adoção e o desenvolvimento de novas práticas de ensino, como o estudo do meio.

LIMA, Tânia Andrade. Pratos e mais pratos: louças domésticas, divisões culturais e limites sociais no Rio de Janeiro, século XIX. In: *Anais do Museu Paulista*, v. 3. São Paulo, 1995. (Nova Série). Análise da simbologia dos utensílios domésticos utilizados no Brasil do século XIX e como eles representavam divisões culturais e de classe.

MARTINS, Ana Luiza. *O trabalho nas fazendas de café*. 5. ed. São Paulo: Atual, 1993. A autora apresenta um panorama do funcionamento das fazendas de café, tendo como eixo temático as relações do trabalho entre senhores e escravos.

Referências bibliográficas

ALMEIDA, Cícero Antonio Fonseca de. O colecionismo ilustrado na gênese dos museus contemporâneos. In: *Anais do Museu Histórico Nacional*, v. 33. Rio de Janeiro, 2001, p. 123-40.

ANDRADE, Antonio Luiz Dias de; CERQUEIRA, Carlos G. F.; SAIA NETO, José. *Fazenda Pau D'Alho:* catálogo de exposição e roteiro de visita. São Paulo: Instituto Brasileiro do Patrimônio Cultural, 1993.

Histórico do Município de Areias. Casa da Cultura de Areias. Areias, São Paulo, 1994.

LIMA, Tânia Andrade. Pratos e mais pratos: louças domésticas, divisões culturais e limites sociais no Rio de Janeiro, século XIX. In: *Anais do Museu Paulista*, v. 3. São Paulo, 1995. (Nova Série).

MAIA, Tom; MAIA, Thereza Regina C. *Vale do Paraíba:* velhas cidades. São Paulo, 1997.

MARTINS, Ana Luiza. *O trabalho nas fazendas de café.* 5. ed. São Paulo: Atual, 1993.

MENESES, Ulpiano T. Bezerra de. A História cativa da memória? Para um mapeamento da memória no campo das ciências sociais. In: *Revista do Instituto de Estudos Brasileiros,* São Paulo, n. 34, 1992.

_____. O patrimônio cultural entre o público e o privado. In: *O direito à memória:* patrimônio histórico e cidadania. São Paulo: DPH/SMC, 1991.

NADAI, Elza. O ensino de história no Brasil: trajetória e perspectiva. In: *Revista Brasileira de História,* São Paulo, v. 13, n. 25-26, set. 1992-ago. 1993.

Paulo: DPH/SMC, 1991. Artigo apresentado na mesa-redonda *O público e o privado: propriedade e interesse cultural* como parte da programação do Congresso Internacional Patrimônio Histórico e Cidadania (1991). O autor analisa o papel dos edifícios e objetos elevados à categoria de patrimônio cultural como elementos que contribuem para a formação e a manutenção da memória e os conflitos de interesses públicos e privados nos processos de manutenção e tentativas de destruição dos edifícios.

NADAI, Elza. O ensino de história no Brasil: trajetória e perspectiva. In: *Revista Brasileira de História*, São Paulo, v. 13, n. 25-26, set. 1992-ago. 1993. A autora faz um relato da estruturação da História como disciplina escolar, incluindo a adoção e o desenvolvimento de novas práticas de ensino, como o estudo do meio.

LIMA, Tânia Andrade. Pratos e mais pratos: louças domésticas, divisões culturais e limites sociais no Rio de Janeiro, século XIX. In: *Anais do Museu Paulista*, v. 3. São Paulo, 1995. (Nova Série). Análise da simbologia dos utensílios domésticos utilizados no Brasil do século XIX e como eles representavam divisões culturais e de classe.

MARTINS, Ana Luiza. *O trabalho nas fazendas de café*. 5. ed. São Paulo: Atual, 1993. A autora apresenta um panorama do funcionamento das fazendas de café, tendo como eixo temático as relações do trabalho entre senhores e escravos.

Referências bibliográficas

ALMEIDA, Cícero Antonio Fonseca de. O colecionismo ilustrado na gênese dos museus contemporâneos. In: *Anais do Museu Histórico Nacional*, v. 33. Rio de Janeiro, 2001, p. 123-40.

ANDRADE, Antonio Luiz Dias de; CERQUEIRA, Carlos G. F.; SAIA NETO, José. *Fazenda Pau D'Alho:* catálogo de exposição e roteiro de visita. São Paulo: Instituto Brasileiro do Patrimônio Cultural, 1993.

Histórico do Município de Areias. Casa da Cultura de Areias. Areias, São Paulo, 1994.

LIMA, Tânia Andrade. Pratos e mais pratos: louças domésticas, divisões culturais e limites sociais no Rio de Janeiro, século XIX. In: *Anais do Museu Paulista*, v. 3. São Paulo, 1995. (Nova Série).

MAIA, Tom; MAIA, Thereza Regina C. *Vale do Paraíba:* velhas cidades. São Paulo, 1997.

MARTINS, Ana Luiza. *O trabalho nas fazendas de café*. 5. ed. São Paulo: Atual, 1993.

MENESES, Ulpiano T. Bezerra de. A História cativa da memória? Para um mapeamento da memória no campo das ciências sociais. In: *Revista do Instituto de Estudos Brasileiros*, São Paulo, n. 34, 1992.

_____. O patrimônio cultural entre o público e o privado. In: *O direito à memória:* patrimônio histórico e cidadania. São Paulo: DPH/SMC, 1991.

NADAI, Elza. O ensino de história no Brasil: trajetória e perspectiva. In: *Revista Brasileira de História*, São Paulo, v. 13, n. 25-26, set. 1992-ago. 1993.

CAPÍTULO 6
Mudanças e permanências: estudo por meio de mapas

Questão para reflexão

A utilização de mapas no ensino de História pode ser uma excelente estratégia para a compreensão das mudanças e permanências ao longo do tempo. O historiador francês Fernand Braudel foi um dos precursores da utilização de conceitos e observações geográficas da paisagem aliada a uma rigorosa pesquisa documental com vistas à compreensão desses processos. Para tanto, estudou o Norte da África e escreveu sua tese *O Mediterrâneo e o mundo mediterrâneo na época de Felipe II*, em que ampliou as possibilidades de utilização de métodos e conceitos de outros campos do conhecimento pela pesquisa historiográfica.

    O professor de História, assim como o pesquisador, pode utilizar, juntamente com seus alunos, elementos geográficos para a construção do conhecimento. Entretanto, esse trabalho não elimina a utilização de outros suportes ou instrumentos documentais, alguns vistos nesta obra, como a fotografia, pintura, filmes, estudos do meio e de fontes escritas, por exemplo, jornais, livros, revistas, entre outras.

    Com base nessas considerações, abordaremos ao longo deste capítulo a seguinte questão: de que modo utilizar elementos geográficos, como mapas, no ensino e na construção do conhecimento histórico?

Teoria e aspectos metodológicos

A resposta à questão proposta passa pela escolha de um eixo temático, do contrário não há como definir as questões que deverão ser respondidas pelo desenvolvimento do trabalho educativo como meio para a construção do conhecimento. Nesse sentido, esse trabalho assemelha-se à pesquisa acadêmica, cujos resultados dependem fundamental e primordialmente do objeto escolhido, das questões que deverão ser respondidas e dos métodos adotados para o cumprimento desse intento.

Um dos eixos temáticos que podem ser utilizados nesse trabalho é o da "cidade" (e seu processo de urbanização). Com base no estudo prévio das mudanças e permanências da paisagem da região central de uma cidade é possível apreendermos as causas desses processos e quais os efeitos para a comunidade, incluindo impactos em sua memória e identidade, além dos significados construídos socialmente para os elementos da paisagem, como os prédios históricos, os quais compõem o patrimônio cultural local.

Segundo Alderoqui (1994), para o estudo das cidades, é necessário o desenvolvimento de uma didática ou de várias didáticas que sejam capazes de provocar nos alunos a compreensão do significado social da forma e estrutura da cidade atual. Esse trabalho é fundamental, mas atingir essa meta passa, obrigatoriamente, pela compreensão do passado da cidade como resultado de relações sociais locais e de forças e processos mais amplos, que afetam o estado, o país e o mundo no qual ela está inserida. Sem essa compreensão, os significados construídos pelos alunos serão superficiais e desprovidos da noção de causa e efeito, fundamental para o entendimento de qualquer processo social.

Trata-se, portanto, de compreender os vestígios deixados por uma cultura urbana do passado que gerou a cultura urbana do presente:

CAPÍTULO 6 Mudanças e permanências: estudo por meio de mapas

A cultura urbana pode ser entendida como um conjunto de sistemas de percepção, valoração e ação de atores historicamente situados em um contexto específico, sujeito a um marco de regulação e ordenamento. Sobre esta perspectiva a cultura urbana constitui-se na mediação entre as condições objetivas do entorno e a subjetividade dos atores em um processo co-constitutivo (Cruz, 2005, p. 75).

Maurice Halbwachs (1990) lembra que há uma relação direta entre espaço (organizado historicamente por uma sociedade) e memória coletiva, a qual não existe sem o primeiro:

> A maioria dos grupos – não apenas aqueles que são produtos da distribuição física de seus membros dentro dos limites de uma cidade, casa ou apartamento, senão muitos outros tipos também – gravam sua forma de alguma maneira no solo mesmo e resgatam suas recordações ou lembranças coletivas dentro de um marco espacial assim definido (Halbwachs, 1990, p. 38).

De fato, a configuração ou organização do território ou da paisagem é resultado de uma construção social em que se entrelaçam o material e o simbólico, dando forma e sentido à vida em grupo, a qual está em permanente construção, o que inclui sua história coletiva (Cruz, 2005, p. 78-9).

A professora Raquel Glezer (1991) alerta para o perigo de cairmos em anacronismos quando estudamos as cidades, dada a nossa tendência involuntária de projetarmos nossos referenciais, nossas imagens da cidade atual (na qual vivemos) para o passado, ou seja, para uma sociedade que vivia em um contexto que não existia da forma que existe, na atualidade, o mundo em que vivemos.

A historiadora também lembra que, no caso de São Paulo, ao contrário de outras metrópoles brasileiras, como Rio de Janeiro, Salvador e Recife, também fundadas no período colonial, a cidade não conseguiu manter seus traços básicos e referenciais materiais em razão da sua dinâmica econômica, causada por um forte e rápido crescimento urbano e industrial, com o adensamento das habitações e a exploração do espaço pelo capital, que não poupou elementos do patrimônio diante do objetivo de gerar mais lucro (Glezer, 1991).

Apesar dessa dificuldade, é possível trabalhar com os pouquíssimos vestígios deixados em São Paulo, ainda que isso implique uma dependência maior da documentação, como os relatos de viajantes, os quais são interpretações de uma realidade passada, muitas vezes antagônicas entre si. Nesse trabalho, é obrigatório recorrer às fotos feitas por Militão de Azevedo, que registrou o início da transição da São Paulo colonial para a cidade metrópole. Uma das diversas obras que trazem a reprodução de fotografias feitas por Militão é *São Paulo em três tempos: álbum comparativo da cidade de São Paulo (1862-1887--1914)*, publicado pela Imprensa Oficial em 1982, por meio de uma parceria com outros órgãos públicos.

Além disso, a preparação prévia – o que inclui a exposição do tema e pesquisa –, debate, criação e a exibição de um produto final continuam sendo etapas metodológicas fundamentais para a criação do conhecimento histórico escolar com base em estratégias diferenciadas.

Sugestão de atividade

A seguir, sugerimos uma atividade que utiliza mapas e que pode ser desenvolvida com alunos do Ensino Fundamental ou Médio, desde que se observem as adaptações e limitações exigidas pelas diferentes faixas etárias.

Atividade: compreendendo a história da cidade por meio de mapas

A paisagem é organizada pela ação humana, a qual é composta por processos de mudanças e permanências. Esses podem ser compreendidos por meio de mapas, instrumentos que fornecem aos alunos informações de natureza visual, mas cuja elaboração passa por um processo de representação espacial que exige reflexão.

CAPÍTULO 6   Mudanças e permanências: estudo por meio de mapas

Eixo temático: a cidade e o processo de urbanização

As cidades são os maiores símbolos da configuração social atual. O sistema econômico capitalista gira em torno da vida dos centros urbanos e se organiza produtivamente para atender à rede de consumo social cujas demandas são, em sua maioria, ditadas pela população urbana, hoje maior que a população rural.

Por causa desse papel central, as cidades passam por mudanças mais rápidas do que se observa em outras áreas, o que cria contextos que nos permitem compreender as causas históricas dessas mudanças. Para tanto, o mergulho em pesquisas prévias é fundamental e o estudo dos vestígios simbólicos do passado que "sobrevivem" nos centros urbanos por meio de prédios e monumentos históricos revela-se um poderoso instrumento para o entendimento de como a sociedade local vivia no passado e como determinados processos de mudanças interferiram em sua configuração no presente.

Objetivos

- Levar os alunos a compreender as causas e efeitos dos processos de mudanças e permanências históricas com base no estudo de um contexto local (cidades) resultante de um contexto mais amplo (nacional e internacional).
- Mostrar a importância do uso de instrumentos de outras disciplinas, principalmente da Geografia, na compreensão da História.

Nível dos alunos

Terceira série (quarto ano) do Ensino Fundamental em diante. Nessa fase, os alunos já são capazes de entender e imaginar que determinado espaço era de outra forma; além disso, estão mais preparados para a confecção de mapas.

Materiais

Livros, jornais e revistas que tragam informações sobre a história local, questionários para entrevistas, cadernos, canetas, cartolinas para elaboração de cartazes, papel vegetal grande (para mapas), canetas hidrográficas finas, réguas, mapas do município e máquinas fotográficas (se possível).

Duração da atividade

Pode variar de acordo com cada turma e calendário escolar. Sugerimos 14 aulas (horas) distribuídas por algumas semanas, fora o tempo necessário para os alunos realizarem atividades extraescolares.

Primeira fase

Preparação da atividade: o professor explica o processo de urbanização e como as paisagens das cidades se alteram em função disso, mantendo vestígios do passado. É preciso esclarecer aos alunos que a iniciativa será desenvolvida no centro da cidade. Caso a comunidade escolar esteja em uma cidade grande, com bairros históricos preservados, talvez seja possível realizar a atividade no centro de um desses bairros.

Apresentação dos objetivos da pesquisa: compreender as causas das mudanças e permanências históricas e como a população da cidade vivia; tomar conhecimento dos locais onde pesquisar – arquivos e bibliotecas municipais, igrejas, acervos particulares.

Parentes mais velhos (avós, bisavós) e moradores conhecidos deverão ser entrevistados; para essa atividade será elaborado um roteiro de questões. As fotografias tiradas dos locais pesquisados serão um auxílio no processo de comparação entre passado e presente – ainda que a fotografia congele um instante que, automaticamente, passa a fazer parte do passado.

Os alunos devem ser estimulados a participar: em sala de aula, junto com o professor, serão levantados os locais que julgarem fundamentais na pesquisa – ruas, praças, edifícios históricos, entre outros. Os motivos das escolhas precisam ser explorados, pois revelam representações construídas com base na memória, o que inclui relatos orais em família, na vizinhança ou na própria escola.

O período a ser pesquisado será um recuo de aproximadamente 100 anos no tempo. Os mapas a serem confeccionados deverão retratar três momentos históricos do município: cerca de 100 anos atrás; 50 anos antes do presente; e a época atual.

O professor deverá utilizar duas aulas nessa etapa introdutória.

Segunda fase

Os alunos, divididos em grupos, fazem a pesquisa e tiram as fotografias (fora da escola). De posse dos dados preliminares, será desenvolvido, em sala de aula, o questionário para as entrevistas. As perguntas devem ser do tipo "Como era a cidade antigamente, quando o senhor era jovem? O que mudou?".

Para essa atividade, o professor deve utilizar uma aula.

Terceira fase

Com base nos dados obtidos na pesquisa prévia, o que deverá incluir as informações coletadas por meio das entrevistas com parentes e moradores conhecidos, os alunos devem escrever três quadros comparativos com dados socioeconômicos (população, atividades produtivas, entre outros) do município nos três momentos históricos selecionados, incluindo a relação das ruas principais, edifícios e monumentos construídos em cada época, ou seja, os marcos referenciais concebidos em cada período. Para essa etapa, o professor deve utilizar quatro aulas.

Quarta fase

Os quadros comparativos elaborados servirão para os grupos confeccionarem um conjunto de três mapas do centro da cidade ou do bairro. Essa produção deverá retratar cada momento histórico predeterminado e, principalmente, deverá situar os marcos referenciais (monumentos) e a escala de crescimento do entorno – o primeiro mapa, relativo a um recuo no tempo de 100 anos, provavelmente será menor que o de 50, que será menor que o da atualidade, até porque alguns marcos referenciais que deverão estar presentes nos mapas mais recentes poderão estar situados em áreas que, há 100 anos, nem sequer eram ocupadas. Ginásios, parques, hospitais, *shoppings* também poderão ser considerados marcos referenciais. Sua importância social depende da valoração que a comunidade lhes atribuiu.

Para essa etapa, o professor deverá reservar quatro aulas durante as quais haverá orientação, pois boa parte do trabalho precisará ser desenvolvida pelos alunos em horário extraescolar.

Quinta fase

Apresentação e discussão coletiva dos mapas elaborados pelos grupos. Nesse momento, são mostradas as diferenças entre os mapas, resultados das opções feitas pelos grupos – marcos referenciais presentes nos mapas de um grupo podem não estar presentes nos de outro. É preciso proceder à análise das causas das mudanças da cidade em cada momento histórico – expansão econômica motivada por um novo tipo de atividade ou, ao contrário, retração econômica causada pela desativação de uma linha férrea, entre outras – e seus possíveis efeitos – construção de um novo hospital, de avenidas e de uma escola graças ao enriquecimento da comunidade, desvio do curso de rios para evitar enchentes, entre outras hipóteses. Para isso, o professor dedicará quatro aulas.

Sexta fase

Professor e alunos visitam o centro da cidade ou o bairro para que se possam confirmar ou não as representações e as informações obtidas por meio da pesquisa, aplicação dos questionários e elaboração dos mapas. O tempo necessário deverá ser definido pelo professor, de acordo com as condições de deslocamento ou transporte e tamanho da área a ser percorrida.

Sétima fase

Correção de possíveis falhas nos mapas e quadros comparativos, as quais podem ser percebidas por meio das observações feitas durante a visita. Cada aluno redige um texto no qual registrará a imagem que tinha do passado da cidade antes da atividade e o que mudou com a experiência, incluindo suas visões sobre as mudanças e permanências históricas locais considerando as relações com processos nacionais e internacionais (industrialização do Brasil, guerras mundiais, entre outros acontecimentos).

Organização dos quadros comparativos, textos e mapas a serem apresentados em uma exposição aberta à comunidade durante eventos, como feira cultural ou de ciências. O ideal é que cada quadro comparativo fique exposto de forma interligada com o mapa gerado com base nos dados coletados. O material produzido também pode resultar em livro, revista ou CD-ROM.

Possíveis dificuldades

Se os alunos não puderem tirar fotografias, é possível obter imagens atuais do centro da cidade ou do bairro por meio dos jornais.

Sinopse

A utilização de conceitos e elementos de outros campos do conhecimento, como os mapas, pode contribuir de forma criativa para a compreensão das mudanças e permanências históricas operadas pelas sociedades nos espaços que ocupam e vivem, os quais contribuem para a construção social dos significados atuais e do passado, atribuídos coletivamente aos elementos materiais que compõem a paisagem.

Para ser efetivada, a construção do conhecimento histórico por alunos e professores por meio de mapas necessita de preparação e pesquisa; posteriormente, é necessário promover um debate coletivo sobre os dados e os mapas confeccionados e organizar uma exposição ou outro tipo de trabalho final.

Utilizar mapas também exige a escolha de um eixo temático, como o sugerido, o que não exclui a escolha de outros eixos capazes de permitir o acesso aos processos relativos às mudanças e permanências históricas em uma sociedade por meio da utilização de mapas e outros recursos complementares.

Para ler mais sobre o tema

BRAUDEL, Fernand. *O Mediterrâneo e o mundo mediterrâneo na época de Felipe II*. São Paulo: Martins Fontes, 1983. Tese de um dos maiores historiadores de todos os tempos. Trata-se de uma análise das mudanças e permanências históricas no Norte da África à época do governo do rei espanhol Felipe II (1527--1598), detentor de posses na região. Além do estudo das fontes escritas, a observação e a compreensão da paisagem foram fundamentais para Braudel que, ao relacionar os conceitos da Geografia aos da História, contribuiu para a abertura de novas perspectivas em relação à construção do conhecimento histórico. Uma das obras fundamentais para a compreensão e realização da pesquisa historiográfica e do ensino de História contemporâneos.

CASTELLAR, Sonia Maria Vanzella (Org.). *Educação geográfica*: teoria e prática. São Paulo: Contexto, 2005. Obra que reúne artigos sobre o lugar dessa disciplina no processo educativo, incluindo suas relações com outros campos do conhecimento, como a História, na formação dos estudantes.

GLEZER, Raquel. Visões de São Paulo. In: BRESCIANI, Stella (Org.). *Imagens da cidade*: séculos XIX e XX. São Paulo: Anpuh-SP/Marco Zero/Fapesp,

1991. A autora mostra que a cidade de São Paulo, comparada a outras grandes cidades brasileiras, como Rio de Janeiro, Recife e Salvador, não preservou a maior parte de seus marcos referenciais, elementos que compunham seu patrimônio histórico. Isso ocorreu em razão da rápida e implacável dinâmica do desenvolvimento capitalista que tomou a cidade na formação de uma hierarquia cafeeira que, posteriormente, passou a investir na indústria, gerando o intenso processo de urbanização, caracterizado por um constante movimento de construção e reconstrução, ou de construção com base na destruição.

Referências bibliográficas

ABREU, Marcelo; BELLUCO, Hugo; KNAUSS, Paulo (Coord.). *Cidade vaidosa: imagens urbanas do Rio de Janeiro*. Rio de Janeiro: Sette Letras, 1999.

ALDEROQUI, Silvia. La ciudad se enseña. In: AISENBERG, Beatriz; ALDEROQUI, Silvia (Orgs.). *Didáctica de las ciencias sociales:* aportes y reflexiones. Buenos Aires, Barcelona, Cidade do México: Paidós Educador, 1994.

CASTELLAR, Sonia Maria Vanzella (Org.). *Educação geográfica:* teoria e prática. São Paulo: Contexto, 2005.

CRUZ, Rossana Reguillo. *La construcción simbólica de la ciudad:* sociedad, desastre y comunicación. 3. ed. Cidade do México: Universidade Ibero-Americana/Iteso, 2005.

GLEZER, Raquel. Visões de São Paulo. In: BRESCIANI, Stella (Org.). *Imagens da cidade:* séculos XIX e XX. São Paulo: Anpuh-SP/Marco Zero/Fapesp, 1991.

HALBWACHS, Maurice. Espacio y memoria colectiva. In: *Estudios sobre las culturas contemporáneas*. Colima, México: Universidade de Colima, n. 8-9, p. 11-40, 1990.

SÃO PAULO. *São Paulo em três tempos:* álbum comparativo da cidade de São Paulo (1862-1887-1914). Casa Civil/Imprensa Oficial/Secretaria da Cultura/Arquivo do Estado, 1982.

CAPÍTULO 7
Ensino de História e cultura material

Questão para reflexão

A missão de escrever a respeito do uso da cultura material para o ensino de História nos fez pensar na importância dos objetos no cotidiano das pessoas e em como, no transcorrer do tempo, ocorrem mudanças nas relações sociais das sucessivas gerações com esses mesmos artefatos. Para ilustrar essa ideia, citamos a interessantíssima crônica *A Máquina da Canabrava*, de Mário Prata, publicada no jornal *O Estado de S. Paulo*, em 2003:

> No primeiro dia de aula, a professora de História da Economia, na velha USP da Rua Doutor Vila Nova, Alice Canabrava, escreveu no quadro negro o nome de um livro sobre o mercantilismo e disse, seriíssima:
> – Na próxima aula (dali a uma semana), prova sobre o livro.
> Era o estilo dela, que eu já havia enfrentado no exame oral (é, tinha oral) do vestibular para economia em 1967. Me lembro que ela me perguntou qual era a diferença entre uma nau e uma caravela. Na época, eu sabia.

Mas o mundo é pequeno e trinta anos depois vim a descobrir que a Canabrava era tia da minha amiga escritora-arquiteta Lúcia Carvalho, aquela mesma que já andou por aqui falando de privadas e congêneres. Era tia. Morreu há um mês, já velhinha, aposentada e lúcida. Deixou sua casa – com tudo que tinha lá dentro, incluindo uma genial biblioteca – para a Lúcia.

E a Lúcia acaba de me mandar um e-mail que eu transcrevo na íntegra, sobre uma velha máquina da catedrática tia. Vamos lá.

"Ouve só. A gente esvaziando a casa da tia neste carnaval. Móvel, roupa de cama, louça, quadro, livro. Aquela confusão, quando ouço dois dos meus filhos me chamarem.

– Mãe!

– Faaala.

– A gente achou uma coisa incrível. Se ninguém quiser, pode ficar para a gente? Hein?

– Depende. Que é?

Os dois falavam juntos, animadíssimos.

– Ééé... uma máquina, mãe.

– É só uma máquina meio velha.

– É, mas funciona, está ótima!

Minha filha interrompeu o irmão mais novo, dando uma explicação melhor.

– Deixa que eu falo: é assim, é uma máquina, tipo um... teclado de computador, sabe só o teclado? Só o lugar que escreve?

– Sei.

– Então. Essa máquina tem assim, tipo... uma impressora, ligada nesse teclado, mas assim, ligada direto. Sem fio. Bem, a gente vai, digita, digita...

Ela ia se animando, os olhos brilhando.

– ... e a máquina imprime direto na folha de papel que a gente coloca ali mesmo! É muuuito legal! Direto, na mesma hora, eu juro!

Eu não sabia o que falar. Eu ju-ro que não sabia o que falar diante de uma explicação dessas, de menina de 12 anos, sobre uma máquina de escrever. Era isso mesmo?

CAPÍTULO 7 Ensino de História e cultura material

— ... entendeu mãe?... zupt, a gente escreve e imprime, a gente até vê a impressão tipo na hora, e não precisa essa coisa chata de entrar no computador, ligar, esperar hóóóras, entrar no Word, de escrever olhando na tela, mandar para a impressora, esse monte de máquina, de ter que ter até estabilizador, comprar cartucho caro, de nada, mãe! É muuuito legal, e nem precisa de colocar na tomada! Funciona sem energia e escreve direto na folha da impressora!

— Nossa, filha...

—... só tem duas coisas: não dá para trocar a fonte nem aumentar a letra, mas não tem problema. Vem, que a gente vai te mostrar. Vem...

Eu parei e olhei, pasma, a máquina velha. Eles davam pulinhos de alegria.

— Mãe. Será que alguém da família vai querer? Hein? Ah, a gente vai ficar torcendo, torcendo para ninguém querer para a gente poder levar lá para casa, isso é o máximo! O máximo!

Bem, enquanto estou aqui, neste "teclado", estou ouvindo o plec-plec da tal máquina, que, claro, ninguém da família quis, mas que aqui em casa já deu até briga, de tanto que já foi usada. Está no meio da sala de estar, em lugar nobre, rodeada de folhas e folhas de textos "impressos na hora" por eles. Incrível, eles dizem, plec-plec-plec, muito legal, plec-plec-plec.

Eu e o Zé estamos até pensando em comprar outras, uma para cada filho. Mas, pensa bem se não é incrível mesmo para os dias de hoje: sai direto, do teclado para o papel, e sem tomada!

Céus. Que coisa. Um beijo grande, Lúcia."

É, Lúcia, a nossa querida Alice Canabrava deve estar descansando em paz e rindo muito. E dê uns beijos nos filhos e agradeça a crônica pronta-pronta, plec-plec-plec, que eu ofereço aos meus leitores . E leitoras.

Fonte: PRATA, Mário. A Máquina da Canabrava. *O Estado de S. Paulo*, São Paulo, 12 mar. 2003.

O inusitado fato de crianças observarem uma série de vantagens do uso de uma velha máquina de escrever, encontrada nos antigos pertences da tia-avó, em relação à avançada tecnologia dos microcomputadores, mostra-nos como os objetos são diretamente relacionados com sua apropriação histórica pelas gerações. Para a geração anterior (da mãe e do cronista), ocorre um estranhamento diante da cena na qual uma nova geração (dos filhos) relaciona-se com o objeto que fora tão útil no passado, mas que caiu em desuso, no presente, com o advento de novas tecnologias. Para a nova geração, trata-se de uma descoberta que se concentra na praticidade de ter num único objeto a execução de uma mesma função (no caso, a escrita), apenas com algumas desvantagens (como não poder mudar de "fonte").

Essa diferença, na relação social das gerações com os objetos criados e produzidos pelos seres humanos, nos impulsiona a refletir a respeito da dimensão histórica da cultura material no cotidiano. As mudanças e permanências dos objetos e de seus diferentes usos ao longo do tempo (ou seja, sua historicidade) proporcionam, às diversas ciências humanas, rico material de estudo da constituição cultural das sociedades.

Dentre os diferentes tipos de fontes históricas, a cultura material revela-se uma das mais antigas (assim como as fontes visuais e orais), pois é anterior ao período no qual os seres humanos desenvolveram a escrita. No entanto, sua utilização pela ciência com o propósito de construir a História é desproporcional à sua ocorrência na humanidade, remontando tardiamente ao século XIX da era cristã.

É somente nesse período que surgem novas ciências, como a Arqueologia, a Paleontologia e a Antropologia, as quais lançaram olhar direcionado à diversidade material produzida pelos seres humanos com o propósito de estudar sua influência na constituição das culturas:

> (...) a Arqueologia e o Estudo da Cultura Material são muito mais do que aquilo que os arqueólogos fazem; não significa a mera coleta de artefatos ou a manipulação do passado. Na medida em que seu objetivo principal consiste

CAPÍTULO 7 Ensino de História e cultura material

em promover uma reflexão constante sobre as condições sociais e humanas e levá-las à crítica social do presente, é muito natural que os estudos da cultura material tenham estado não tanto no centro da atenção dos arqueólogos profissionais como de outros cientistas sociais, em primeiro lugar, de professores e educadores. A compreensão do mundo é um processo material de leitura, através da cultura material, da estrutura mental, da visão de mundo e da cultura em geral. (...) a cultura material (e, portanto, seu estudo pela Arqueologia) fornece a matéria-prima para o ensino das disciplinas ligadas ao mundo social (Funari, 1993, p. 21-2).

A História, com base nesse novo referencial multidisciplinar, renovou seu olhar metodológico no século XX ao levar em consideração outros tipos de documentos, questionando a excelência das fontes escritas – herança deixada pela escola positivista à historiografia.

Esse novo olhar fez boa parte da historiografia se voltar para o cotidiano com vistas a prover outros caminhos de concepção da História. Diferentes tipos de imagens, sons gravados, entrevistas transcritas e materiais de toda ordem produzidos pelos seres humanos passaram a integrar o horizonte documental dos historiadores.

É nesse contexto que se insere o estudo da cultura material como fonte histórica. Os historiadores perceberam que os artefatos que os seres humanos criam, produzem, utilizam e consomem dizem respeito não só à sua trajetória histórica como também à construção de sua identidade. Para a efetivação desse trabalho, os historiadores ocupam-se de duas tarefas. A primeira delas é a

> (...) da realidade histórica propriamente dita: o estudioso pode indagar-se sobre as formas de organização material da sociedade, sobre o processo de apropriação do universo material pelo grupo humano, sobre as relações sociais implicadas pela interação entre os homens e o meio, as estruturas e os objetos físicos, ou ainda sobre as representações coletivas que acompanham as práticas materiais (Rede, 2003, p. 288).

A segunda tarefa realizada pelo historiador que utiliza os objetos como fonte primordial de sua atividade consiste

> (...) na operação que insere a cultura material no processo historiográfico de produção do conhecimento. Quais os potenciais e os limites da cultura material para propor e resolver problemas históricos? Quais as particularidades e forçosas adaptações metodológicas requeridas pela mobilização desse tipo de fonte? Que lugar a cultura material ocupa no espectro de fontes utilizadas e como se dá a sua articulação? Em suma, como fazer da cultura material documento e quais as implicações disso para a historiografia? (Rede, 1996, p. 265-66)

Nesse sentido, o que somos, não só do ponto de vista individual mas também do ponto de vista coletivo, é moldado com base na apropriação que fazemos do que a natureza nos relegou. Em última análise, os artefatos construídos e utilizados por nós cotidianamente dizem respeito à nossa história. Como isso ocorre de maneira prática? Em que medida fazemos história com base nos objetos? É possível ensinar e aprender história por meio dos artefatos? As respostas para essas perguntas formam o objetivo do presente capítulo.

Mas... afinal... o que é cultura material?

Teoria e aspectos metodológicos

Vejamos a seguinte definição de cultura material elaborada por Meneses (1983, p. 112):

> Por cultura material poderíamos entender aquele segmento do meio físico que é socialmente apropriado pelo homem. Por apropriação social convém pressupor que o homem intervém, modela, dá forma a elementos do meio físico, segundo propósitos e normas culturais. Essa ação, portanto, não é aleatória, casual, individual, mas se alinha conforme padrões, entre os quais se incluem os objetivos e projetos. Assim, o conceito pode abranger artefatos, estruturas, modificações de paisagem, como coisas animadas (uma sebe, um animal doméstico), e, também, o próprio corpo, na medida que ele é passível desse tipo

CAPÍTULO 7 Ensino de História e cultura material

de manipulação (deformações, mutilações, sinalações) ou, ainda, os seus arranjos espaciais (um desfile militar, uma cerimônia litúrgica).

Essa definição de cultura material mostra a íntima relação entre o que a natureza proporciona ao ser humano e o que ele cria a partir dela. Nesse sentido, os estudos das diferentes áreas do conhecimento relacionados à cultura material são direcionados não só aos objetos produzidos pelos seres humanos, mas também aos meios utilizados para a consecução desses objetos. A cultura material reflete a capacidade que as pessoas têm de criar, produzir, manipular e utilizar o que a natureza lhes proporciona, em seu meio social, o legado deixado pela cultura material dos povos.

O olhar da historiografia para o horizonte da cultura material leva, inicialmente, ao desvelamento das três etapas de concepção de um objeto (projeto, processo e produto). Cabe à História realizar o caminho inverso: do *produto* final (o objeto e sua utilização) tenta entender como foi concebido (quais materiais, etapas de fabricação, instrumentos utilizados para sua execução, recursos técnicos e tecnológicos, entre outros – elementos inerentes ao *processo*) e para quais finalidades foi pensado, isto é, para satisfazer quais necessidades, seja de um grupo social, seja da sociedade (etapa inerente à concepção da ideia, ao *projeto*).

Assim, nosso próprio cotidiano apresenta a importância da cultura material para as sociedades. Os objetos que compõem nossa casa, nosso vestuário, os meios de transporte que utilizamos, os diferentes instrumentos usados para higiene, comunicação, trabalho, registro e proteção, entre tantos outros, dão mostras não só da dinâmica individual de nossas vidas como também dos meios sociais nos quais transitamos cotidianamente. Os *artefatos* concebidos e utilizados pelos seres humanos constituem importante meio de preservar a memória, reconstruir a História e proporcionar às gerações que se sucedem a possibilidade de construir consciência da trajetória histórica de sua sociedade. Conforme Abud e Glezer (2004, p. 14):

Os documentos da cultura material são os artefatos – produtos da ação humana para a sobrevivência e continuidade da espécie, no sentido mais amplo possível (...) (moradia, proteção contra o clima, instrumentos variados para higiene, instrumentos e objetos para alimentação, transporte, comunicação). Todas as culturas humanas que já existiram no planeta produziram, utilizaram e deixaram sinais dos elementos de cultura material que possuíram.

Como observamos, a utilização da cultura material como meio de construir conhecimento histórico não se esgota na análise dos artefatos, mas impõe aos historiadores a mesma abordagem em relação às suas etapas de confecção. Esse caminho que exige dos professores de História maior cuidado no estudo do modo de vida das culturas ao longo do tempo, no tocante aos artefatos criados e/ou transformados no decurso da história. De acordo com Meneses (1983, p. 112-3):

> Para analisar (...) a cultura material, é preciso situá-la como suporte material, físico, imediatamente concreto, da produção e reprodução da vida social. Conforme esse enquadramento, os artefatos – que constituem (...) o principal contingente da cultura material – têm que ser considerados sob duplo aspecto: como produtos e como vetores de relações sociais. De um lado eles são o resultado de certas formas específicas e historicamente determináveis de organização dos homens em sociedade (e este nível de realidade está em grande parte presente, como informação, na própria materialidade do artefato). De outro lado, eles canalizam e dão condições a que se produzam e efetivem, em certas direções, as relações sociais.

Essa dupla dimensão de análise confere ao ensino de História no espaço escolar a possibilidade de abranger diferentes aspectos políticos, socioeconômicos e culturais das sociedades. Para exemplificar essa prática, é só voltar nossa análise ao início da humanidade. Desde os primórdios, os seres humanos se valeram da criação, do desenvolvimento e da produção de artefatos com vistas a uma série de objetivos inerentes às demandas de seu grupo social (qualificação da alimentação, facilitação de práticas produtivas e necessidade de proteção). Por outro lado, essa dinâmica proporcionou a modificação no relacionamento entre os povos à medida que os artefatos criados levavam ao aumento da produção agropecuária e à necessidade de estabelecer negociações comerciais e, consequentemente, maior comunicação.

Com base nesse contexto, pode-se admitir a ideia de que todos os artefatos constituem documentos históricos. É preciso, no entanto, explorá-los para obter respostas à nossa curiosidade. Eles guardam somente em si essa característica? Por quais caminhos esses objetos nos fornecem informações de caráter histórico?

> (...) a natureza física dos objetos materiais traz marcas específicas à memória (...). Basta lembrar que a simples durabilidade do artefato, que em princípio costuma ultrapassar a vida de seus produtores e usuários originais, já torna apto expressar o passado de forma profunda e sensorialmente convincente (Meneses, 1998, p. 90).

Obviamente, as características físicas e químicas dos artefatos permitem obter informações diretas como peso, cor, material do qual foi feito ou forma geométrica. Da mesma maneira, permitem inferir particularidades inerentes à sua utilização (de que forma era manipulado, qual seu tempo de vida útil etc.). No entanto,

> (...) tais atributos são historicamente selecionados e mobilizados pelas sociedades e grupos nas operações de produção, circulação e consumo de sentido. Por isso, seria vão buscar nos objetos o sentido dos objetos. (...) Assim, a matéria-prima, seu processamento e técnicas de fabricação, bem como a morfologia do artefato, os sinais de uso, os indícios de diversas durações, e assim por diante, selam, no objeto, informações materialmente observáveis sobre a natureza e propriedades dos materiais, a especificidade do saber-fazer envolvido e da divisão técnica do trabalho e suas condições operacionais essenciais, os aspectos funcionais e semânticos – base empírica que justifica a inferência de dados essenciais sobre a organização econômica, social e simbólica da existência social e histórica do objeto. Mas, como se trata de inferência, há a necessidade,

não apenas de uma lógica teórica, mas ainda o suporte de informação externa ao artefato (Meneses, 1998, p. 91).

Observa-se, portanto, que o estudo da cultura material pressupõe não apenas a investigação exaustiva do artefato (produto), os desdobramentos ocorridos até sua concepção (projeto e processo) mas também a possibilidade de estudar as mudanças e permanências de sua apropriação social na História. É a investigação das relações da sociedade com os objetos por ela criados e utilizados no decorrer do tempo o objetivo do qual o historiador da cultura material se ocupa. Assim, a pesquisa de informações externas aos objetos é estritamente necessária para a leitura dessas fontes:

> (...) O cerne da questão para o historiador (...) é (...) que os artefatos estão permanentemente sujeitos a transformações de toda espécie, em particular de morfologia, função e sentido, isolada, alternada ou cumulativamente. Isto é, os objetos materiais têm trajetória, uma biografia. (...) para traçar e explicar a biografia dos objetos é necessário examiná-los em "situação", nas diversas modalidades e efeitos das apropriações de que foram parte. Não se trata de recompor um cenário material, mas de entender os artefatos na interação social (Meneses, 1998, p. 92).

Nesse sentido, a utilização da cultura material no ensino de História proporciona várias frentes de estudo, como a investigação das características físicas dos artefatos; seu percurso de construção; suas mudanças e permanências de função, utilização, estética e valoração ao longo do tempo; e compreensão de aspectos de diferentes ordens da sociedade a qual pertence. Cabe ao professor construir, juntamente com seus alunos, um espaço de interatividade com os objetos que os cercam, para que, por meio desse olhar possam perceber que o

> (...) documento histórico é um suporte de informação. (...) qualquer objeto pode funcionar como documento (...). Se, ao invés de usar uma caneta para escrever, lhe são colocadas questões sobre o que seus atributos informam rela-

tivamente à sua matéria-prima e respectivo processamento, à tecnologia e condições sociais de fabricação, forma, função, significação, etc. – este objeto utilitário está sendo empregado como documento. (Observe-se, pois, que o documento sempre se define em relação a um terceiro, externo a seu horizonte original) (Meneses, 1998, p. 95).

Tal trabalho pedagógico desmistifica a ideia de que os objetos só são importantes historicamente se pertenceram às classes dominantes no passado (visto que a maioria dos museus conserva apenas os objetos pertencentes à elite político-econômica das sociedades). De igual maneira, desconstrói a imagem de "descartabilidade" dada aos objetos na contemporaneidade por serem revestidos apenas de um caráter utilitário. Em outras palavras, questiona a mentalidade embutida em frases corriqueiras do cotidiano, tais como "Não tem mais uso? Então, jogue fora e compre outro!".

Guardadas as devidas proporções e definida a finalidade a qual se destina cada trabalho, os historiadores, assim como os professores e seus alunos, que desejam realizar um processo intenso de busca pelo conhecimento histórico em documentos materiais, devem elaborar um planejamento claro que vise responder a questões inerentes à(s) sociedade(s) que interagiram com esses artefatos em seu trajeto histórico:

> O que faz de um objeto documento não é, pois, uma carga latente, definida de informação que ele encerre, pronta para ser extraída, como o sumo de um limão. O documento não tem em si sua própria identidade, provisoriamente indisponível, até que o ósculo metodológico do historiador resgate a Bela Adormecida de seu sono programático. É, pois, a questão do conhecimento que cria o sistema documental. O historiador não faz o documento falar: é o historiador quem fala e a explicitação de seus critérios e procedimentos é fundamental para definir o alcance de sua fala. Toda operação com documentos, portanto, é de natureza retórica. Não há porque o documento material deva escapar dessas trilhas, que caracterizam qualquer pesquisa histórica (Meneses, 1998, p. 95).

Esse procedimento privilegia a construção da consciência histórica nos alunos, de forma a torná-los agentes de seu próprio pensamento à medida que interpretam os artefatos que os cercam e/ou que lhe são apresentados diariamente nos sistemas midiáticos, não somente por seu aspecto utilitário mas também pelo caráter ideológico embutido nesses objetos, pois possibilita

> (...) a tomada de consciência, por parte dos educandos, da historicidade das relações sociais concretas, em que se veem envolvidos. Neste sentido, o mundo material apresenta-se como meio privilegiado de concretização dessas relações e, portanto, a partir do qual pode-se pensar e questionar os mecanismos de alienação e submissão tanto materiais como ideológicos. O morro, antes de ser enredo de escola de samba, são as ladeiras de terra, os barracos com seus tetos de zinco, seus utensílios domésticos, seus varais com as roupas secando... É a partir do concreto quotidiano que se pode compreender e criticar as próprias práticas (Funari, 1990).

Assim, o estudo da cultura material no ensino de História sai da marginalização, à qual geralmente é destinado por seu pouco uso nos espaços escolares. De igual forma, deixa de ser utilizado apenas para ilustrar um momento histórico discutido ou referendar um documento escrito que, porventura, pode tê-lo citado – prática recorrente quando se trata do uso de artefatos para ensinar História, sobretudo nos livros didáticos.

Sugestão de atividade

Como sugestão de atividade, apresentamos um roteiro de questões[1] que possibilita a construção de uma abrangente análise de docu-

---

[1] O roteiro de questões citado pertence a uma adaptação da obra de DURBIN, Gail; MORRIS, Susan; WILKINSON, Sue. *A teacher's guide to learning from objects*. [S.l.]: English Heritage, 1990. In: UNIVERSIDADE DE SÃO PAULO. Museu de Arqueologia e Etnologia. *Brasil 50 mil anos:* uma viagem ao passado pré-colonial (guia temático para professores). São Paulo: MAE: VITAE,1999.

mentos materiais, desde suas etapas de confecção (projeto, processo e produto), passando pela apropriação histórica da sociedade a qual pertence, até a reflexão de sua importância contemporânea nos aspectos político, social, econômico e cultural.

OLHANDO PARA O OBJETO, RESPONDA AS SEGUINTES QUESTÕES:	COISAS QUE SE DESCOBREM PELO OLHAR	COISAS PARA SEREM PESQUISADAS
1. Quanto às características físicas		
Qual é a cor?		
Tem cheiro? Qual?		
Tem som? Qual?		
Quais são as suas dimensões?		
Do que é feito?		
É um material natural ou manufaturado?		
É um objeto completo?		
Foi alterado, adaptado ou acrescentado a outro?		
2. Quanto à construção		
Como é feito?		
É feito à mão ou à máquina?		
Foi feito em moldes ou em peças?		
Se forem várias peças, como elas foram fixadas?		
3. Quanto à função/utilização		
Para que foi feito?		

(continua)

(continuação)

Como o objeto tem sido usado?		
Seu uso se modificou?		
4. Quanto ao design		
Está bem projetado?		
O objeto exerce bem a função?		
Quais são os melhores materiais utilizados?		
É decorado? Como?		
Você gosta de sua aparência?		
Outras pessoas gostariam do desenho desse objeto?		
5. Quanto ao valor		
Quanto vale:		
para as pessoas que o fizeram?		
para as pessoas que o utilizaram?		
para as pessoas que o possuem (possuíram)?		
para você?		
para o comércio?		
para o museu?		
6. Quanto à sociedade que o produziu		
Quem o produziu?		
Quem o utilizou?		
Quando?		
Onde?		
Esse objeto é encontrado em outras sociedades? Por quê?		

Obviamente, a análise proposta por esse quadro é ampla e deve ser adaptada à série envolvida na atividade. Por meio dele, podem ser analisados desde objetos simples de uso cotidiano na contemporaneidade (como uma caneta, por exemplo) até artefatos museológicos de diversos tipos (ferramentas, múmias, vestimentas, objetos de uso doméstico, entre outros).

Nos anos iniciais do Ensino Fundamental (2º a 6º), entre as várias atividades recomendáveis, podemos citar:

- **Descrição do produto**: por meio de ações, como observação, manipulação, medição e inferência, podem ser determinadas várias características dos artefatos, por exemplo, cor(es), forma, cheiro, material, inscrições, entre outras. Paralelamente a essa ação, é necessário elaborar um registro, escrito ou imagético (os alunos podem desenhar, fotografar e até filmar o artefato).
- **Investigação das etapas do processo**: os alunos levantam hipóteses a respeito da fabricação do artefato (se manufaturado ou industrializado, se produzido individualmente ou em larga escala, quais tipos de maquinários foram utilizados na produção, quantas atividades diferentes foram desenvolvidas para sua execução, entre outras). Para tanto, podem ser realizadas pesquisas em várias fontes (jornais, entrevistas, internet, entre outras).
- **Hipóteses a respeito da concepção do projeto**: após as etapas anteriores, os alunos têm condições de levantar hipóteses em relação à finalidade para qual o artefato foi feito.
- **Comparação entre artefatos de diferentes temporalidades**: etapa que permite a constatação de mudanças e permanências de artefatos no tocante ao material de fabricação, peso, tamanho, forma, função, tecnologia, entre outras (exemplos dessa prática podem ser constatados ao se comparar um LP [*long play*] com um CD [*compact disc*], diferentes objetos destinados à escrita ou peças do vestuário).

A construção do conhecimento histórico ocorre quando os alunos percebem a relação dos artefatos com sua própria história, com a história de sua família, de sua localidade e até de seu país. É o sentimento de agência do pensamento que deve nortear a prática do ensino de História por meio da utilização da cultura material. Quando o aluno se apropria da ideia de que seus próprios objetos e os de sua sociedade são fontes importantes para a construção da História, está aberta a possibilidade de aprimoramento de sua consciência crítica em relação ao mundo.

Essa consciência é fortalecida tanto nos anos finais do Ensino Fundamental como no Ensino Médio. Para sua consecução, além das etapas já citadas, podem ser realizadas outras atividades por meio da construção de textos analíticos ou de leitura consciente de documentos materiais, como filmes, poesias, pinturas, dramatizações etc. Essas atividades podem se concentrar em eixos temáticos (relações de trabalho, terra e propriedade, identidade e diversidade cultural, relações de poder, cidadania etc.) e constituir uma forma de discutir a pluralidade de ideias, como:

- relação da "biografia do artefato" (seu percurso histórico) com a biografia de uma pessoa ou da sociedade na qual o objeto se originou;
- diferentes apropriações dos artefatos por parte das sociedades ao longo do tempo;
- uso ideológico dos artefatos com vistas à aquisição e/ou manutenção do poder de várias ordens (político, econômico, cultural) numa sociedade;
- presença de artefatos que indiquem conflitos entre diferentes grupos sociais;
- relação das instituições públicas e privadas com o patrimônio material da sociedade (diferença no cuidado dos artefatos produzidos pelas diversas classes sociais);
- diversas implicações e repercussões locais e globais do uso da tecnologia no aprimoramento dos artefatos.

Finalmente, convém salientar que o uso adequado da cultura material nas aulas de História, além de resultar em várias possibilidades de construção do conhecimento histórico dos alunos, possibilita a inserção deles em outros importantes caminhos. Descobrir que a História também é feita dos artefatos que construímos e utilizamos no cotidiano pode ser de grande valia para quebrar os muros que impedem a empatia de alguns alunos pela disciplina. Ao mesmo tempo, facilitar o processo de integração do aluno à linguagem particular da ciência da História por meio do desenvolvimento das práticas de observação, pesquisa, registro e interpretação (tão caras à disciplina) permite a qualificação do poder de crítica, utilizado não só na análise histórica, mas também na vida.

Essas premissas, por si só, já seriam suficientes para nos mover como professores para a realização dessa empreitada.

Sinopse

Como instrumento de caráter multidisciplinar, a cultura material proporciona aos alunos de História a possibilidade de entendimento dos agentes históricos em sua sociedade à medida que percebem sua própria relação (e identificação) com o que criam, produzem e consomem cotidianamente. Outro aspecto relevante é a descoberta da importância dos artefatos na construção das relações sociais A essa dinâmica soma-se o desenvolvimento da capacidade de análise, decorrente das diferentes etapas do "embate" com os artefatos estudados, ação que opera nos alunos o desenvolvimento de consciência crítica na contemporaneidade.

Para ler mais sobre o tema

ABUD, Kátia Maria; GLEZER, Raquel. O homem é um produtor de cultura material. In. *História*: fazer história – módulo 2. Programa Pró-Universitário (Universidade de São Paulo e Secretaria da Educação do Estado de São Paulo). São Paulo: Dreampix Comunicação, 2004. Com linguagem simples e didática, as autoras refletem sobre o uso da cultura material no ensino de História. O foco são os artefatos criados pelos primeiros seres humanos e as implicações que esses objetos tiveram nas sociedades que se constituíram.

FUNARI, Pedro Paulo Abreu. Os historiadores e a cultura material. In: PINSKY, Carla Bassanezi (Org.). *Fontes históricas*. São Paulo: Contexto, 2005. p. 93-4. Texto no qual o autor faz um breve histórico da relação História-Arqueologia e discute questões de cunho teórico-metodológico que apontam caminhos aos historiadores que visam ao trabalho com fontes arqueológicas.

_____.O papel da cultura material clássica no ensino de História. In: *Textos de cultura clássica*. Belo Horizonte: Sociedade Brasileira de Estudos Clássicos, n. 9, maio 1990. Utilizando-se do acervo do Museu Nacional do Rio de Janeiro, o autor discute o uso da cultura material no ensino de História como possibilidade de desenvolver pensamento crítico nos alunos.

MENESES, Ulpiano Toledo Bezerra de. A cultura material no estudo das sociedades antigas. *Revista de História*, São Paulo, n. 115, p. 103 17, jul.-dez.1983. Nesse artigo, o autor critica a predominância do uso de documentos escritos em detrimento da cultura material por parte de historiadores que estudam a Antiguidade. Partindo dessa premissa, apresenta um conceito de cultura material e discute sua importância como fonte histórica singular para o estudo da história das sociedades.

_____. Memória e cultura material: documentos pessoais no espaço público. *Estudos Históricos,* Rio de Janeiro, v. 11, n. 21, p. 89-103, 1998. Com base no estudo da dimensão histórica dos objetos, o autor discute as implicações do deslocamento de artefatos e coleções do espaço privado para o espaço público nas pesquisas de cunho histórico.

REDE, Marcelo. Estudos de cultura material: uma vertente francesa. In: *Anais do Museu Paulista*. São Paulo, v. 8-9, p. 281-91 (2000-2001).

_____. História a partir das coisas: tendências recentes nos estudos de cultura material. In. *Anais do Museu Paulista*. São Paulo, N. Sér. v. 4, p. 265-82, jan.-dez. 1996. Ambos textos do autor são resenhas críticas de obras que discorrem sobre os avanços e limites do uso da cultura material por parte dos historiadores.

UNIVERSIDADE DE SÃO PAULO. Museu de Arqueologia e Etnologia. *Brasil 50 mil anos: uma viagem ao passado pré-colonial. (guia temático para professores)*. São Paulo: MAE: VITAE, 1999. Esse material pertence a uma série de publicações referentes às temáticas componentes do acervo do museu (cultura material e etnologia indígena; cultura material e etnologia africana; e cultura material mesopotâmica, egípcia, grega e romana).

As obras citadas a seguir são livros paradidáticos que tratam do assunto e apresentam possibilidades de trabalho com alunos do Ensino Fundamental e Médio:

– FLORENZANO, Maria Beatriz Borba. *Nascer, viver e morrer na Grécia Antiga*. São Paulo: Atual, 2002.
– FUNARI, Pedro Paulo Abreu. *Império e família em Roma*. São Paulo: Atual, 2003.
– GUARINELLO, Norberto Luiz. *Os primeiros habitantes do Brasil*. São Paulo: Atual, 1995.
– SCATAMACCHIA, Maria Cristina Mineiro. *O contato de culturas*. São Paulo: Atual, 1996.

Referências bibliográficas

ABUD, Kátia Maria; GLEZER, Raquel. O homem é um produtor de cultura material. In: *História* – módulo 2. Programa Pró-Universitário (Universidade de São Paulo e Secretaria da Educação do Estado de São Paulo), São Paulo: Dreampix Comunicação, 2004.

DURBIN, Gail; MORRIS, Susan; WILKINSON, Sue. A teacher's guide to learning from objects. [S.l.]: English Heritage, 1990. In: UNIVERSIDADE DE SÃO PAULO. Museu de Arqueologia e Etnologia. *Brasil 50 mil anos: uma viagem ao passado pré-colonial (Guia Temático para Professores)*. São Paulo: MAE: VITAE, 1999.

FUNARI, Pedro Paulo Abreu. Memória histórica e cultura material. *Revista Brasileira de História*, São Paulo, v. 13, n. 25-26, p. 17-31, 1993.

_____. O papel da cultura material clássica no ensino de História. In: *Textos de cultura clássica*. Belo Horizonte: Sociedade Brasileira de Estudos Clássicos, n. 9, maio 1990.

MENESES, Ulpiano Toledo Bezerra de. A cultura material no estudo das sociedades antigas. *Revista de História*, São Paulo, n. 115, p. 103-17, jul.-dez. 1983.

_____. Memória e cultura material: documentos pessoais no espaço público. *Estudos Históricos*, Rio de Janeiro, v. 11, n. 21, p. 89-103, 1998.

REDE, Marcelo. História a partir das coisas: tendências recentes nos estudos de cultura material. In: *Anais do Museu Paulista*. São Paulo. v. 4, p. 265-82, jan.-dez. 1996.

_____. Estudos de cultura material: uma vertente francesa. In: *Anais do Museu Paulista*. São Paulo. v. 8-9, p. 288 (2000-2001).

PRATA, Mário. A Máquina da Canabrava. In: *O Estado de S. Paulo*, São Paulo, 12 mar. 2003.

CAPÍTULO 8
Espaços da História: ensino e museus[1]

Questões para reflexão

Para introduzir as questões que discutiremos neste capítulo, propomos a leitura do trecho de um dos contos que narram as aventuras do garoto Nicolau.

> (...) Nós entramos no museu em fila, bem comportados, porque a gente gosta da nossa professora e nós percebemos que ela parecia muito nervosa, como a mamãe, quando o papai deixa cair cinza do cigarro dele no tapete. Entramos numa sala grande com um montão de quadros pendurados na parede. "Aqui vocês vão ver quadros executados pelos grandes mestres da escola flamenga", a professora explicou. Ela não pôde continuar por muito tempo, porque um guarda chegou correndo e gritando, porque o Alceu tinha passado o dedo num quadro para ver se a tinta ainda estava fresca... A professora dis-

---

[1] Este capítulo teve a colaboração de Regina Maria de Oliveira Ribeiro, mestre e doutoranda pela Faculdade de Educação da Universidade de São Paulo (Feusp).

> se para o Alceu ficar calmo e prometeu para o guarda que ia tomar bem conta da gente... Enquanto a professora continuava explicando, nós começamos a brincar de escorregar; era legal porque o chão era de ladrilho e escorregava bem. Todo mundo estava brincando, menos a professora, que estava de costas para nós, explicando um quadro, e o Agnaldo que estava ao lado dela escutando e tomando nota. O Alceu também não estava brincando. Ele estava parado na frente de um quadrinho que tinha peixes, bifes e uma porção de frutas... Depois de escorregar nós começamos uma partida de pula-sela, mas aí a gente teve que parar...

Fonte: GOSCINNY, Sempé. O museu de pinturas. In: *O pequeno Nicolau*. São Paulo: Martins Fontes, 1991.

Para os estudantes, visitar um museu tem muitos significados. É uma oportunidade de "sair da escola", de deixar de lado os movimentos repetitivos e previsíveis da sala de aula. É também momento de "adquirir conhecimentos", conhecer um espaço diferente, coisas "antigas", um lugar bonito, novas pessoas.

E para os educadores, qual o significado das visitas aos museus? Por que levam seus alunos a esses espaços? O que esperam que seus alunos aprendam?

Se você já acompanhou um grupo de crianças e adolescentes em visita a um museu, deve lembrar que esses alunos, possivelmente, eram muito parecidos com o pequeno Nicolau. Ficaram maravilhados com o espaço, com a monumentalidade do museu (muitos deles moram em casas ou apartamentos pequenos), com os objetos "diferentes", com as "cenas históricas". Contudo, será que visitar um museu vale somente pelo encantamento, pela surpresa com o diferente? Talvez. No entanto, para nós, educadores, a questão maior diz respeito às contribuições que um museu de História pode oferecer para o ensino da disciplina de História. Entendemos que seja pertinente refletir sobre o "fenômeno" que é a visita de estudantes aos museus de História, pois, se vale a pena "ver coisas raras, antigas e belas", mais interessante ainda é compreender a produção desse material e como chegou até nossos dias.

O museu é um espaço complexo, no qual convergem diferentes dimensões e processos da produção do conhecimento: coleta, pesquisa, guarda, conservação e comunicação. É uma instituição permanente, sem finalidade lucrativa, a serviço da sociedade e de seu desenvolvimento. Como espaço de produção de conhecimentos aberto ao público, sua função é adquirir, conservar, pesquisar, comunicar e exibir evidências materiais do homem e de seu ambiente para fins de pesquisa, educação e lazer[2]. Assim, o papel social dos museus é definido, na atualidade, por sua função *educativa*.

Entretanto, não obstante a clareza de seu papel educativo, os museus, em especial os de História, são socialmente representados considerando-se apenas uma de suas dimensões: a de guarda de objetos antigos. Expressões cotidianas, como "Isso é peça de museu" ou "Aqui está parecendo um museu: cheio de coisa velha", apontam para o entendimento de que a instituição é um espaço "embolorado", em que se guardam objetos "inúteis", que foram tirados de circulação e substituídos por peças novas e mais eficientes em relação ao aspecto tecnológico.

Essa visão, comum entre crianças, jovens e adultos dos diferentes grupos socioeconômicos, mostra representações do passado, da memória e da História como sinônimos de "antiguidade", algo distante no "tempo-espaço", com poucas relações com o presente e quase nenhuma relação com o futuro. Essa representação indica a existência de uma "consciência histórica" em que, aparentemente, não há conexões entre diferentes temporalidades, o passado é compreendido considerando-se a ideia de déficit, da carência de objetos e conhecimentos.

Ensinar História com base no que uma instituição museológica oferece à sociedade começa com o reconhecimento dessas represen-

---

[2] Adaptação do artigo 6º dos Estatutos do Comitê Nacional Brasileiro do Conselho Internacional de Museus (ICOM). Rio de Janeiro, [s.d.].

tações acerca dos museus, da memória e da História. Reconhecer, questionar e reconstruir significados e representações do senso comum são procedimentos pedagógicos coerentes com os objetivos e princípios há muito debatidos no âmbito da teoria e da metodologia do ensino de História.

Com relação a finalidades, metas, objetivos e procedimentos do processo de aprendizagem histórica, almeja-se propiciar aprendizagens significativas para o desenvolvimento do pensamento histórico por parte de crianças e jovens. Assim as referências teóricas do trabalho pedagógico que envolve museus e outros espaços históricos tomam como base a perspectiva construtivista do conhecimento, do desenvolvimento de raciocínio e da imaginação histórica; da compreensão do papel das fontes históricas na construção de uma visão do passado, em especial das fontes da cultura material; das relações de empatia com as pessoas do passado; do estudo da diversidade de formas de vida coletiva, das permanências e rupturas, da possibilidade de leitura crítica de diferentes narrativas e visões sobre os fatos.

De que forma visitas esporádicas a museus de História, realizadas por um grande número de escolas, podem contribuir para a aprendizagem da História, para o desenvolvimento do pensamento histórico e, por conseguinte, para a construção de uma consciência histórica? Por que e como o professor deve se preparar ao planejar uma atividade de visita e exploração dos objetos musealizados? Quais significados podem ser reconstruídos em um museu de História? Quais elementos a cultura material propicia à prática cotidiana do ensino de História? Que atividades podem ser desenvolvidas antes da visita a um museu ou a uma exposição de História, durante e após essa atividade?

As questões apontadas norteiam a construção deste capítulo que, considerando os referenciais históricos e sociais a respeito dos museus, abordará os significados dessa instituição para a sociedade atual e para a aprendizagem de História, tratará das especificidades dos museus de Ciências Humanas, especialmente os denominados "históricos" ou de História, e refletirá sobre as relações entre museus e educação, bem como sobre as possibilidades e limites desse espaço para o ensino de História; por fim, apresentaremos sugestões e indicações didáticas e bibliográficas.

Teoria e aspectos metodológicos

Colecionar objetos é uma ação tão antiga quanto a própria humanidade. As descobertas arqueológicas nos mostram essa antiguidade ao revelarem que os homens têm, ao longo da história, criado suas coleções por motivos diversos: memória, ludicidade, prazer e poder. Assim, diferentes significados têm sido atribuídos às coleções, de acordo com o contexto no qual foram criadas, com as necessidades que buscaram atender e com os objetivos que intentaram atingir.

Os pesquisadores do *colecionismo* afirmam que as diversas motivações, formas e objetivos das coleções têm em comum a necessidade humana de coletar e guardar "coisas", imagens e objetos que servem a um processo de reorganização de pedaços de um mundo que se deseja conhecer, fragmentos do que se quer tomar parte ou, então, que se quer dominar (Pomian, 1985, p. 51-86). Assim, *colecionar* representa organizar o cotidiano, categorizar objetos, ordenar o caos da realidade e reescrever a história do grupo ou da sociedade que a formou e, de igual modo, daqueles que coletaram e transformaram o conjunto de objetos em *coleção*[3]. Ao guardar um objeto, os indivíduos buscam também evocar algo perdido. O objeto faz o contato com o *invisível*, cria um elo entre o presente e um acontecimento, uma experiência marcante. Por exemplo, ao fazermos uma viagem, por que guardamos o bilhete da passagem, compramos uma "lembrancinha" da cidade que visitamos ou registramos tudo em fotografias? Porque queremos que esses "objetos" façam parte de nossas

---

[3] Segundo Pomian (1985, p. 51-86), define-se *coleção* como qualquer conjunto de objetos naturais ou artificiais mantidos temporária ou permanentemente fora dos circuitos das atividades econômicas, sujeitos à proteção especial, num local fechado, preparado para esse fim e exposto ao público.

"coleções pessoais" e sirvam para evocar determinado momento, provar que estivemos naquele local em que vivenciamos determinadas situações.

No mundo antigo, reis, faraós e imperadores formavam coleções com tesouros e objetos extraordinários que mostravam sua glória em tempos de paz, ou seja, eram símbolos de poder e prestígio, além disso, as coleções serviam como "reserva de recursos" para os períodos de guerra.

Historicamente, o museu é uma instituição cujas origens remontam à Grécia Antiga. Eram espaços especialmente consagrados às coleções mais importantes daquelas sociedades. Tais coleções tinham um caráter sagrado, de *oferenda* em agradecimento a uma vitória, pois, no geral, evocavam os momentos das batalhas.

Como dissemos, da mesma forma que as coleções, os museus vêm assumindo ao longo do tempo diferentes características; contudo, é possível analisar as permanências em algumas de suas formas e funções. De modo geral, continuam a ser espaços de guarda, conservação e exposição de objetos socialmente selecionados como significativos de determinado grupo e determinada época. No entanto, a essas funções foram sendo acrescidas outras, de acordo com a necessidade de cada sociedade.

Da cultura grega, três instituições deram origem à forma e às principais características dos museus antigos: o *Thesaurus*, a *Acrópole* e o *Mouseion*.

O *Thesaurus*, localizado na ilha de Delfos, espaço que ofereceu certa unidade às diferentes cidades ao longo do Mediterrâneo (Liga de Delfos), reunia uma série de templos destinados à guarda de oferendas aos deuses e deusas[4]. Cada cidade construía um monumento

---

[4] O conjunto de Delfos – esculturas de devoção cuja função era rememorar o passado pessoal e histórico – recebeu suas primeiras peças no século VI a.C. Foi desativado em 348 pelo imperador romano que mandou cobri-lo com terra para pôr fim aos cultos pagãos. Objetos e esculturas foram pilhados e levados para ornamentar jardins romanos.

em Delfos, geralmente capelas devocionais em agradecimento à vitória numa batalha ou guerra. Aos objetos e monumentos em Delfos atribuía-se veneração, graças recebidas, oferendas e artefatos de devoção. Em Delfos, havia, ainda, teatro para representações periódicas e praça de competições esportivas. A união de diferentes elementos culturais das cidades mediterrâneas em Delfos produziu o que chamamos de "unidade grega". A fruição desse conjunto era seletiva, pois apenas algumas pessoas – geralmente sacerdotes, guerreiros e governantes – tinham acesso aos templos e às coleções. As atividades rotineiras eram as visitas e a contemplação. Anualmente, ocorriam os festivais de esportes, danças e teatro, como os festivais de Apolo.

Hoje o Museu de Delfos[5] localiza-se fora do antigo complexo. Sua coleção reúne peças retiradas de ruínas – colunas, relevos, imagens e objetos. Essas peças não foram restauradas, pois o objetivo é mostrar as faltas, os embates e conflitos humanos, além da ação do tempo sobre os monumentos.

A *Acrópole* grega constituía-se de duas áreas principais, às quais a população tinha acesso livre. O propileu era a área em que se colocava a *opera prima* – as primeiras (e melhores) obras eram expostas na entrada do templo, a fim de garantir sua contemplação; era um espaço democrático que todos, incluindo as mulheres, podiam visitar (o restante do templo estava restrito aos cidadãos e sacerdotes). Do propileu avistava-se o *Paternon* e demais templos da cidade. À esquerda da entrada da *Acrópole* ficava a Pinakotheke – pinturas de acontecimentos notáveis encomendadas pelos sacerdotes. Aliás, era o sacerdote quem decidia quais peças seriam expostas no propileu, ou seja, era ele o responsável pela "narrativa histórica" ali construída.

---

[5] O primeiro museu de Delfos foi criado em 1903, planejado pelo arquiteto francês Tournaire. Depois, esse primeiro prédio foi incorporado ao edifício construído em 1938. Posteriormente, a área das exposições foi ampliada e reorganizada, obra concluída em 1980.

O *Mouseion*, ou Casa das Musas foi construído como palácio real em Alexandria por Ptolomeu Filadelfo, no século III a.C. e destruído em 641. O templo das musas Calíope, Clio, Erato, Euterpe, Melpomene, Polímnia, Tália, Terpsícore e Urânia, as filhas de Zeus com Mnemosine (a deusa da memória), cuja responsabilidade era lembrar todas as coisas que já aconteceram, "inspirou" a criação do Mouseion de Alexandria, cujo objetivo era salvaguardar todas as obras humanas, de forma a garantir um saber enciclopédico sobre artes, ciências e filosofia. Além da atribuição de templo, esse espaço funcionava como uma instituição de pesquisa restrita a notáveis – filósofos, artistas, cientistas. Seu papel era despertar e mobilizar para a leitura, investigação, observação astronômica, botânica, zoológica etc. Havia no local anfiteatros e salas de fruição. Ambicionava a completude em sua representação. Como templo, todas as musas eram representadas. Como centro de pesquisa, ambicionava-se obter para seu acervo um exemplar de cada texto, livro, obra de grandes artistas e cientistas.

A ideia de representar, colecionar, preservar o *todo* foi retomada na concepção dos museus entre os séculos XVI e XIX. Os museus modernos são herdeiros de uma visão mitológica – a necessidade de colecionar, inventariar e contemplar *tudo o que as mãos humanas produziram*.

Entre os romanos, encontram-se os grandes colecionadores da Antiguidade. Diferentemente do caráter devocional atribuído pelos gregos, nas coleções romanas os objetos tinham valor pelo significado de poder – político, econômico e artístico. Levavam para Roma os botins das guerras no Oriente, na Britânia, no Norte da África; coleções públicas e privadas; pinturas e estátuas expostas em termas, fóruns, basílicas; coleções expostas em templos para visitação pública. Tratava-se de uma verdadeira competição entre as mais belas e raras coleções privadas dos romanos mais abastados. Tanto que, em razão da falta de originais, encomendavam-se cópias das obras mais famosas.

No período medieval, o colecionismo adquiriu "ares sagrados". O encanto dos objetos era sua intocabilidade. Os indivíduos deveriam despojar-se dos bens materiais em favor da Igreja. Esta passou a zados. Agrega-se a ideia de especialização de cada tipo de instituição ao momento histórico de fortalecimento dos estados nacionais. Assim, surgem os museus dedicados a História, Botânica, Zoologia, Arqueologia, Artes, dentre outras especializações e particularidades de cada povo e nação "civilizada".

Na segunda metade do século XX, o movimento de renovação historiográfica, que amplia os objetos e as fontes da História e a organização dos movimentos sociais de luta pela ampliação de direitos, coloca em cena a reivindicação da reconstrução das memórias das chamadas minorias sociais. Esses movimentos chegam aos museus com uma proposta de criação de espaços singulares, nos quais a finalidade dos objetos seria trazer à cena a memória e a história dos grupos "oficialmente esquecidos". Emergem, então, os museus temáticos: da mulher, da criança, da educação, do povo judaico, dos operários, dos afrodescendentes etc. A ampliação da noção de patrimônio, do papel educativo dos museus e de outros centros de cultura e memória, incorpora espaços além dos muros e prédios institucionais. Estes são apropriados como "objetos" de conservação, preservação, pesquisa, lazer e educação. Os ecomuseus, os museus ao "ar livre", museus comunitários e, mais recentemente, os museus virtuais, dão novos significados aos conceitos de "tempo e espaço" museológico, possibilitando ao público o estabelecimento de relações diferenciadas com o que, historicamente, se definiu como "museu".

A diversidade de formas e propostas dos museus na atualidade amplia seu significado para a educação histórica à medida que se apresentam como instituições de caráter educativo e, principalmente, pela forma como o fazem. Quando visitamos um museu, temos contato com seu acervo, suas coleções de objetos e outros documentos, por meio da exposição. Toda exposição é construída para narrar, para dizer algo sobre o tema em questão. Os objetos expostos foram adquiridos pelo museu ao longo do tempo seguindo diferentes critérios: políticos, técnicos, artísticos, históricos, científicos, entre outros. Sua conservação, restauro, pesquisa e exposição foram pautadas por critérios artísticos, políticos, sociais. Assim, não basta "olhar" os obser a grande receptora de doações de verdadeiros tesouros mantidos a distância do "olhar público" com o propósito de serem usados para negociar, formalizar pactos políticos, eleger e derrubar papas, príncipes e reis inimigos da Santa Sé.

Ao final da Idade Média, nas repúblicas italianas, foram os príncipes e mercadores abastados que formaram as primeiras coleções privadas do período: pedras preciosas, manuscritos, relíquias, joias, livros, mapas, instrumentos ópticos e musicais, moedas, vasos, peles e especiarias.

Entre os séculos XV e XVI, o reencontro com textos antigos, traduções de textos filosóficos feitas pelos árabes e achados arqueológicos em escavações na Itália despertou a atenção para a Antiguidade, sua arte e seus objetos. Esse foi também o período áureo do Renascimento, do financiamento de grandes obras da pintura, arquitetura e escultura. Das terras distantes da África e da América chegavam objetos, vestimentas, armas, animais e plantas exóticas. Constituíram-se, ainda, as coleções de estudiosos da natureza, utilizadas individualmente ou em aulas nas universidades europeias. Tais coleções primavam pela diversidade de objetos e espécimes: bustos, imagens religiosas, objetos de arte e artefatos indígenas. Os chamados *closet de raridades* eram espaços de reunião dos homens, mundo dos eruditos em que se apreciavam "objetos", debatiam-se descobertas, recitavam-se textos antigos.

As coleções de príncipes e reis desse período deram origem aos museus modernos. As mudanças sociais, políticas e econômicas ocorridas entre os séculos XVII e XIX provocaram nesses espaços, entre outras coisas, a lenta abertura das coleções ao grande público. No entanto, somente no século XX os museus tornaram-se instituições a serviço do público. Nesse período, os museus caracterizavam-se pela diversidade de concepções e entendimentos: eram locais de contemplação de raridades, templos do saber, representantes das origens e caráter nacionais.

No final do século XIX e durante o século XX, as mudanças sociais e os paradigmas das ciências dão origem aos museus especiali-

CAPÍTULO 8   Espaços da História: ensino e museus

jetos expostos para que haja um processo educativo. É preciso perguntar: "o que isso significa?".

> Quem construiu Tebas das sete portas?
> Nos livros constam os nomes dos reis.
> Os reis arrastaram os blocos de pedra?
> E a Babilônia tantas vezes destruída
> Quem a ergueu outras tantas?
> Em que casas da Lima radiante de ouro
> Moravam os construtores?
> Para onde foram os pedreiros
> Na noite em que ficou pronta a Muralha da China?

Fonte: BRECHT, Bertold. Perguntas de um trabalhador que lê. In: *Poemas*: 1913-1956. 5. ed. Seleção e tradução: Paulo César de Souza. São Paulo: 34, 2000.

As perguntas proferidas pelo trabalhador brechtiano poderiam ser feitas por visitantes, turistas e estudantes em um museu de História. Mais do que "ver a História", os museus nos convidam a problematizá-la.

Ao adentrar o prédio que abriga um museu e conhecer os objetos que compõem seu acervo, inevitavelmente surgirão questionamentos que talvez não serão verbalizados com a veemência ou a ironia sugerida pelo poema, mas serão reveladores do estranhamento causado por uma experiência única de contato com vestígios do passado. No museu de História, esses vestígios são organizados e expostos para promoverem uma "viagem no tempo". O veículo dessa viagem é a exposição museológica que, ao construir uma narrativa por meio de diferentes formas, perspectivas e temáticas, possibilita aos visitantes a oportunidade de observar, pensar, descobrir, explorar, investigar, questionar e elaborar novas narrativas. Nesse percurso, a volta ao ponto de partida deve trazer na "bagagem" elementos que ajudem a mudar nossa visão sobre a "velha e conhecida" paisagem de todos os dias.

O aprendizado com objetos e obras expostas nos museus começa com um olhar ativo que, aliado à problematização proposta, ajuda a conhecer e reconhecer, recortar, caracterizar, interpretar, pensar... Nesse sentido, a visita ao museu pode ser organizada pragmaticamente pelo professor: pode-se considerá-lo um templo, um espaço de contemplação, ou a visita pode ser revestida de um aprofundamento pedagógico ao entendê-lo como *fórum*, espaço da pergunta, dos debates, dos questionamentos.

Ao nos deparamos com evidências materiais de outros tempos, sinais preservados ou em ruínas deixados pelas pessoas do passado, somos impelidos a imaginar: quem os produziu? Para quê? Como foram usados? Por quem foram usados? Perguntas que intrigam o olhar e mobilizam os atos de ensinar e aprender História na escola e em outros espaços. Perguntas que podem surgir dos próprios alunos se entenderem o espaço museológico como fórum, de forma a se sentirem motivados a discutir questões e compartilhar informações com guias, professores e outros visitantes.

Assim, visitar museus é um exercício de cidadania, pois possibilita o contato com temas relativos a natureza, sociedade, política, artes, religião. Leva a conhecer espaços e tempos, próximos e distantes, estranhos e familiares, e a refletir sobre eles; aguça a percepção por meio da linguagem dos objetos e da iconografia, desafia o pensamento histórico com base na visualização das mudanças históricas, permitindo repensar o cotidiano.

Os museus de História caracterizam-se não pelo acervo de objetos e iconografias que adquirem "significados históricos" diferentes dos que possuíam quando eram objetos sociais, mas pela organização desses objetos considerando-se os problemas históricos e a construção de uma narrativa que possibilite a apreensão de outras referências de tempo e espaço. Para tanto, constrói-se uma apresentação formal dos objetos – aspectos morfológicos, tecnológicos e artísticos – numa abordagem documental em que são consideradas duas dimensões fundamentais: a de que são, ao mesmo tempo, resultados e vetores de relações sociais de determinado grupo, lugar e tempo.

Meneses (1995) questiona o limitado e perigoso papel da exposição nos museus de História organizada como "teatro da memória", cuja única finalidade seria evocar e celebrar o passado como um grande manual didático, a exemplo de como se constituiu o Museu Paulista sob a direção de Affonso d'Escragnolle Taunay. O autor reflete sobre as possibilidades de o museu participar da produção do conhecimento histórico argumentando que a dimensão educacional da exposição precisa ter como referência o conhecimento, para que a instituição cumpra efetivamente seu papel. Assim, o museu deve ser um laboratório, um centro de pesquisas voltado para a discussão e análise de problemas históricos com base nos objetos de seu acervo.

Apesar de não discutir problemas estritamente relativos à educação histórica e à didática da História, Meneses (1995) aponta para princípios e possibilidades a serem considerados durante a visita a um museu de História. Organizar os alunos para um evento como esse deve ter como objetivo a construção do conhecimento histórico (mas não apenas esse) num processo interativo, reflexivo e crítico.

As possibilidades e limites da relação entre museus de História e a educação histórica envolvem também os aspectos relativos à memória, ao patrimônio e à cultura material. Se encarado como templo, o museu perde a aura de monumento[6] e o objetivo de tornar-se documento, ou seja, além de perder o sentido de sinal do passado, deixa de ser objeto de análise de um conjunto de concepções e contextos sociais, políticos, técnicos e culturais.

No museu, imagens e objetos são organizados para "evocar" o invisível, algo que não está presente (o passado). Esses elementos são mensageiros de um discurso histórico, de uma construção que

---

[6] Monumento no sentido de "sinal do passado", como explica J. Le Goff: "(...) tem como características o ligar-se ao poder de perpetuação, voluntária ou involuntária, das sociedades históricas (...)". LE GOFF, Jacques. Documento/Monumento. In: *História e memória*. Campinas: Unicamp, 1992. p. 536.

envolve valores e interesses. Assim, para serem compreendidos, é necessário conhecer os processos de sua produção, circulação e apropriação. Sobre isso, Le Goff (1992, p. 535) alerta:

> (...) o que sobrevive não é o conjunto daquilo que existiu no passado, mas uma escolha efetuada quer pelas forças que operam no desenvolvimento temporal do mundo e da humanidade, quer pelos que se dedicam à ciência do passado e do tempo que passa, os historiadores.

O museu – prédio, objetos, imagens – é fruto de uma série de forças e interesses que operaram na sua construção, instituição e manutenção. O que é possível visualizar é a ponta de um *iceberg* cujas bases são profundas, estão além do que é inicialmente captado pelo olhar, exigindo, assim, o mergulho na História problematizada, matizada, construída pela reflexão, motivada nos visitantes pela curiosidade e surpresa, por questionamentos surgidos do contato com evidências de temporalidades diferentes.

Ao conhecer um museu, o visitante entra em contato com espaços e exposições de imagens e objetos de diversos sentidos, o que gera uma *experiência única com o passado*. No museu, os alunos tomam conhecimento de aspectos da comunidade/sociedade em diversas épocas e dimensões dos mundos público e privado. Espaço, linguagem da exposição, objetos e imagens narram histórias, cristalizam memórias que podem originar outras histórias, novas narrativas.

Sugestão de atividade

Ensinar História tomando como base objetos expostos em museus e em outros espaços é um trabalho que deve ser realizado pelos professores mediante uma metodologia que privilegie a ação e a reflexão dos estudantes em relação a sua visão de mundo e suas relações interpessoais cotidianas nas diversas dimensões e nos variados espaços sociais. Por meio de um objeto ou conjunto de objetos em exposição exercita-se a observação, descoberta, análise e transformação de conceitos espontâneos sobre o cotidiano e conceitos históricos apresentados na escola de forma a possibilitar o redimensionamento da relação de crianças e adolescentes com o mundo da "cultura material" do passado e do presente.

Para tanto, o professor que organiza e coordena a visita de seus alunos ao museu precisa, antes de tudo, conhecer a instituição, sua localização, história, recursos humanos e materiais oferecidos e, principalmente, a exposição que fará parte do trabalho pedagógico. A visita pode ser um momento singular de aprendizagem conjunta de professor e alunos. Mais do que troca de informações, ela pode propiciar o compartilhamento de interpretações, valores, conceitos, significados. Estamos afirmando que o "sucesso" da visita é de responsabilidade do professor. Mesmo que a instituição possua monitores ou guias, estes não substituem o papel do docente na organização e mediação dos momentos de descoberta, estranhamento, comparação, análise, dúvida, encanto e reinvenção que os alunos vivenciam durante a visita.

Vimos que os museus oferecem uma gama diversa de possibilidades para o ensino de História, e o professor, conhecendo o museu e seus alunos, é quem está mais bem preparado para coordenar a visita e mediar o trabalho nesse espaço. A presença de monitores nos museus enriquece a visita se o trabalho for feito em conjunto com o professor. É possível que a visita seja coordenada pelos monitores, e o trabalho de síntese e aprofundamento seja realizado pelo professor no retorno à escola.

Diante do exposto, propomos, a seguir, algumas ações para a realização de uma visita a um museu de História.

Tematização e problematização

Decidir quais *habilidades*, *conceitos* e *conhecimentos* serão trabalhados na visita ao museu é fundamental para definir o tipo de atividade a ser desenvolvida. É importante ressaltar que, para os alunos, visitar museus, espaços históricos ou monumentos é um momento lúdico, aspecto que não pode ser desprezado pelo educador. A visita deve, preferencialmente, estar inserida no contexto de um projeto de ensino em desenvolvimento na escola. Assim, ela tanto pode ser o ponto de partida como o aprofundamento ou até mesmo o encerramento do projeto.

Chamamos essa etapa de *tematização e problematização*. Nela, professores e alunos fazem o "recorte" da visita e discutem o tema que irão explorar, considerando-se os objetos em exposição. Para tanto, o professor deve levantar as expectativas e hipóteses dos alunos sobre o museu e a exposição. Dessa forma, descobrirá se já visitaram aquela instituição em outra oportunidade e poderá informá-los, por exemplo, a respeito das características do museu, histórico e formação do acervo. Outra ação importante é planejar o que será feito com as informações adquiridas no museu bem como as possibilidades de aprofundamento desse conhecimento (por meio de pesquisa posterior) e a divulgação dos saberes construídos para os demais alunos da escola.

Exploração do espaço e dos objetos

A visita é o auge do projeto. Essa etapa pode começar com o percurso entre a escola e o museu, com o conhecimento ou reconhecimento do espaço da cidade, das ruas e dos prédios históricos, monumentos, entre outros aspectos da paisagem urbana. O entorno do museu é outro espaço importante em que se pode observar onde o prédio está localizado e, daí, levantar impressões e sensações dos alunos a respeito do ambiente externo e interno do local.

A exposição pode ser explorada de várias maneiras. Os museus e as escolas têm acumulado experiências diversas. A visita à exposição pode ser mais "dirigida" ou mais "livre", dependendo da idade, do tema, da familiaridade dos estudantes com o espaço etc. Uma possibilidade é o professor optar por um tema e organizar a visita com base no que foi proposto. Pode-se também fazer um "recorte" de parte da exposição ou centrar a visita na exploração de alguns objetos.

Os projetos de Educação em ambientes de museus sistematizaram uma metodologia cujas etapas podem ser sintetizadas em: *observação, registro, exploração* e *apropriação*, conforme descritas no Quadro 1. Essas etapas não precisam ser trabalhadas separadamente. É possível realizar uma abordagem simultânea ou enfatizar um dos aspectos, o que dependerá dos objetivos definidos, da faixa etária dos alunos e do tempo e dos recursos disponíveis para a atividade.

Quadro 1 *Etapas da execução do projeto*

ETAPAS	RECURSOS E ATIVIDADES	OBJETIVOS
Observação Momento da descoberta, do levantamento de hipóteses e de identificação.	Exercícios de percepção visual/sensorial por meio de perguntas, manipulação, experimentação, medição, anotações, comparações, dedução, jogos de adivinhação e investigação.	• Identificar o objeto – função e significado. • Desenvolver a percepção visual e simbólica.
Registro Momento de investigação da função do objeto, de buscar a relação entre o mundo das coisas e as pessoas que as produziram.	Desenhos, descrição verbal ou escrita, gráficos, fotografias, maquetes, mapas e plantas baixas.	• Fixar aspectos considerados relevantes. • Aprofundar a observação e a análise. • Desenvolver a memória, o pensamento lógico, intuitivo e operacional.
Exploração Momento de analisar, interpretar e reinterpretar o "discurso da exposição" ou a linguagem dos objetos.	Análise do problema, levantamento de hipóteses, discussão, questionamento, avaliação, pesquisa em outras fontes – bibliotecas, jornais, arquivos, internet etc.	• Desenvolver a capacidade de análise e de julgamento crítico, interpretação de evidências e significados.

(continua)

(continuação)

ETAPAS	RECURSOS E ATIVIDADES	OBJETIVOS
Apropriação Momento da reinvenção, de dar significado às informações, críticas e conhecimentos construídos durante o trabalho.	Recriação, releitura, dramatização, interpretação em diferentes meios de expressão, como pintura, escultura, dança, música, poesia, texto, filme, vídeo.	• Promover o envolvimento afetivo, a internalização, o desenvolvimento da capacidade de autoexpressão, apropriação, participação criativa, valorização do bem cultural.

A seguir, apresentamos uma síntese de questões para análise de objetos[7]. Essas questões devem ser articuladas às propostas citadas no Quadro 2.

Quadro 2 *Síntese das questões para análise de objetos*

ASPECTOS FÍSICOS	ASPECTOS SIMBÓLICOS
Dimensão: tamanho	Quem o construiu/produziu?
Material: tipo de material utilizado	Quando foi construído?
Forma	Para quê? Qual a sua função?
Estrutura	Por que esse objeto foi produzido dessa forma?
Técnicas de construção, ornamentos etc.	O que está representado? Quais os elementos usados nessa representação?
Condições de preservação	Quais aspectos históricos esse objeto ajuda a conhecer?
Quantidade de elementos usados na representação	Que tipo de pessoas utilizaram esse objeto?
Relação do objeto com outros objetos do acervo	Quais as semelhanças e diferenças em relação a outros objetos pesquisados?

---

[7] Para mais detalhes acerca desse tipo de análise, ver Capítulo 7, que trata de ensino de História e cultura material.

Aprofundamento

A volta para a escola não precisa pôr fim à experiência da visita ao museu. Pelo contrário, esse é um momento em que os alunos explicitam questões, dúvidas, curiosidade. Pode-se organizar uma roda de discussão, levantar novas questões, propor pesquisas sobre os temas de interesse dos estudantes. O aprofundamento poderá ser coordenado pelo professor. Podem ser utilizados, nessa etapa, recursos e linguagens diferenciadas como música, literatura, fotografia ou pinturas e a apresentação de bibliografia específica sobre o tema, que pode envolver o trabalho com livros paradidáticos.

Construção do conhecimento

A finalização do trabalho deve ocorrer, necessariamente, com produções dos alunos. Nessas produções, os estudantes deverão sintetizar o processo vivenciado e avaliar tanto a experiência como a si mesmos em relação ao desenvolvimento da atividade. Assim, sugerimos a produção de caderno de textos, desenhos, gráficos, painéis, jornal-mural, vídeos e a organização de uma exposição com objetos e imagens. A seguir, propomos duas atividades que podem ser realizadas em grupos e por diferentes faixas etárias:

- Colagem com recortes de revistas e papel colorido, além de desenho e pintura para criar uma imagem a respeito da visita da turma à exposição.
- Elaboração de uma história com os objetos da exposição que suscitaram mais interesse.
- Em grupo: Se pudessem criar um museu, como ele seria? Sobre qual tema? Que elementos – objetos e imagens – escolheriam para uma exposição?

Enfatizamos que essas atividades são sugestões originadas na prática de educadores em museus e escolas. Sua função, neste texto, é oferecer parâmetros do que pode ser realizado com base na proposta de visita a uma exposição ou museu de História. Cada professor tem condições, de acordo com a sua realidade, de criar atividades tão ou mais interessantes do que as sugeridas. Cada museu, coleção e exposição é organizado de acordo com determinada linha de pesquisa e tem narrativa específica que inspira certo tipo de abordagem. Os museus oferecem uma oportunidade singular que não se restringe à narrativa dos fatos do passado; antes, mobilizam um trabalho com conceitos históricos mediante investigação dos objetos. Além disso, oferecem uma experiência com o passado por meio de diferentes fontes cujo papel é reinventar nosso olhar sobre a realidade e nossas experiências de vida pelo estabelecimento de novas relações entre o homem, a História, a natureza, a cultura, as artes...

Sinopse

O capítulo apresentou as principais referências históricas dos museus como instituições produtoras e divulgadoras de conhecimentos. Foram abordados aspectos teóricos e metodológicos para o planejamento de visitas a museus de História como forma de dar novos significados ao conhecimento histórico trabalhado em sala de aula, possibilitando a construção de ideias, representações e conceitos em situações de aprendizagem significativas.

Para ler mais sobre o tema

GRUNBERG, Evelina; MONTEIRO, Adriane Queiroz; HORTA, Maria de Lourdes Parreiras. *Guia Básico de Educação Patrimonial*. Brasília: Iphan/Museu Imperial, 1999. Material que propõe uma metodologia de trabalho com o patrimônio cultural, denominação que inclui os bens materiais e imateriais, tangíveis e intangíveis.

MENESES, Ulpiano Toledo Bezerra de. *Como explorar um museu histórico*. São Paulo: Museu Paulista/USP, 1991. Caderno editado pelo Museu Paulista, apresenta artigos que discutem a natureza do Museu de História e Cultura Material, seu histórico de criação e formação, especificidades de seu acervo de objetos e pinturas históricas.

OLIVEIRA, Cecília Helena de Salles. *Museu Paulista*: novas leituras. São Paulo: Museu Paulista/USP, 1992. Caderno que apresenta artigos sobre o Museu Paulista como monumento; traz experiências de visitas orientadas realizadas em exposições temporárias e permanentes.

SALGADO, Elisabeth. *Pedaços do tempo*. Belo Horizonte: SME/Centro de Referência do Professor/Museu da Inconfidência, 1996. Kit pedagógico composto de livro, vídeo e livro de atividades. O material propõe uma abordagem lúdica dos temas e conceitos relacionados à cultura material, ao colecionismo e ao papel dos museus na sociedade.

As obras a seguir apresentam diferentes experiências de educação em museus, orientações para visitas escolares e debates acerca da natureza dos museus de História:

– BARCA, Isabel (Org.). *Educação histórica e museus*. Braga: Universidade do Minho, 2003.
– MENESES, Ulpiano Toledo Bezerra de. Do teatro da memória ao laboratório da História: a exposição museológica e o conhecimento histórico. *Anais do Museu Paulista*. v. 2, jan.-dez. 1994; v. 3, jan./dez. 1995, São Paulo. (Nova Série).

Referências bibliográficas

ALMEIDA, Adriana Mortara e VASCONCELLOS, Camilo de Mello e. Por que visitar museus. In: BITTENCOURT, C. (Org.). *O saber histórico na sala de aula*. São Paulo: Contexto, 1997.

ASHBY, Rosalyn. Conceito de evidência histórica: exigências curriculares e concepções dos alunos. *Actas das Segundas Jornadas Internacionais de Educação*

Histórica. Educação Histórica e Museus. Braga: Universidade do Minho, Centro de Estudos em Educação e Psicologia, 2003.

BOLLE, Willie. Cultura, patrimônio e preservação. In: ARANTES, Antonio Augusto. (Org.). *Produzindo o passado*. São Paulo: Brasiliense, 1984, p. 7-23.

BRECHT, Bertold. Perguntas de um trabalhador que lê. In: BRECHT, Bertold. *Poemas*: 1913-1956. 5. ed. Seleção e tradução: Paulo César de Souza, São Paulo: 34, 2000.

CARDOSO, Ciro Flamarion & VAINFAS, Ronaldo (orgs). *Domínios da História: ensaios de teoria e metodologia*. Rio de Janeiro: Campus, 1997. p. 401-17.

GOSCINNY, Sempé. O museu de pinturas. In: *O pequeno Nicolau*. São Paulo: Martins Fontes, 1991 (Paris, 1960).

HIRATA, Elaine et al. Arqueologia, educação e museu: o objeto enquanto instrumentalização do conhecimento. *Dédalo*, São Paulo, n. 27, p. 11-46, 1989.

LE GOFF, Jacques. Documento/Monumento. In: *História e memória*. Campinas. Unicamp, 1992.

MUSEU PAULISTA. Do teatro da memória ao laboratório da História: a exposição museológica e o conhecimento histórico. *Anais do Museu Paulista*. v. 2, jan./dez. 1994; v. 3, jan./dez. 1995, São Paulo (Nova Série).

MUSEU PAULISTA. *Como explorar um museu histórico*. São Paulo: Museu Paulista da USP, 1991.

NAKOU, Irene. Exploração do pensamento histórico dos jovens em ambiente de museu. *Actas das Segundas Jornadas Internacionais de Educação Histórica*. Educação Histórica e Museus. Braga: Universidade do Minho, Centro de Estudos em Educação e Psicologia, 2003.

OLIVEIRA, Cecília Helena de Salles. *Museu Paulista*: novas leituras. São Paulo: Museu Paulista da USP, 1992.

POMIAN, Krzysztof. *Coleção*. In: Enciclopédia Einaudi. Lisboa: Imprensa Nacional, Casa da Moeda, 1984. v. 1, p. 51-86.

RIZZI, Maria Cristina S. L. Além do artefato: apreciação em museus e exposições. *Revista do MAE*, São Paulo, n. 8, p. 215-20, 1998.

SUANNO, Marlene. *O que é museu?* São Paulo: Brasiliense, 1986.

CAPÍTULO 9
Fotografia e ensino de História

Questão para reflexão

A fotografia é uma rica fonte de informações para a reconstituição do passado, ainda que sua utilização também possa comportar a constituição de ficções. A diferença entre um ato ou processo e outro depende de diferentes fatores. No primeiro caso, varia dependendo das questões feitas pelos historiadores em suas pesquisas; no segundo, é consequência direta dos objetivos que levaram à sua produção, como as fotonovelas, muitas populares até pouco tempo atrás, ou as fotografias publicitárias.

Entretanto, isso não significa que as fotografias utilizadas para a constituição de ficções não possam ser utilizadas, com o passar do tempo, nas pesquisas historiográficas, como documentos ou registros que podem contribuir para lançar luz sobre determinada época, com suas formas de relacionamentos sociais, representações e significados, incluindo suas influências na constituição da memória.

Da mesma forma que o historiador, o professor, como agente fundamental na construção do conhecimento escolar, também pode utilizar a fotografia como um poderoso instrumento de desenvolvimento do conhecimento histórico de seus alunos.

Ainda que haja semelhanças com relação ao uso da pintura como documento histórico, especialmente dos retratos e das gravuras, a utilização da fotografia, tanto na pesquisa historiográfica quanto na sala de aula, precisa levar em conta, mesmo quando trabalhamos com uma produção ficcional (uma montagem publicitária, por exemplo), que se trata de um recorte, do "congelamento" de um instante que existiu no passado. Para que pesquisadores, alunos e professores possam compreender as imagens registradas pelas fotografias (as situações em que foram produzidas e as intenções dos fotógrafos), as informações não são dadas pelas imagens, mas, sim, pelos textos, pelas informações que as acompanham na forma de explicações, legendas, entre outros elementos. Essas informações permitem a compreensão do contexto histórico em que as imagens foram criadas; dessa forma, é possível entender as transformações, permanências, enfim, a dinâmica social da época.

Mesmo que não seja uma regra, dada a variabilidade ficcional, a fotografia, principalmente a jornalística, congela um instante do passado, ainda que selecionado pelo fotógrafo (autor ou artista dessa nova forma de arte), diferente da pintura, que é criação ou representação pura. Segundo Saliba (1999, p. 4)

> Ao contrário do que se costuma dizer, a "imagem não fala... por si só". Penso aqui nas imagens cruas, sem nenhum comentário ou legenda. Tais imagens podem interessar, impressionar, seduzir, comover e apaixonar, mas não podem informar. O que nos informa são as palavras.

Nesse sentido, a fotografia aproxima-se do cinema, cuja produção nunca nenhum governo, classe social ou poder conseguiu dominar totalmente. Ângulos de câmera, recortes mais abertos ou fechados, tons, luminosidade fazem parte das construções fotográfica e cinematográfica, ainda que ambas se diferenciem em um aspecto fundamental que altera toda sua linguagem e teia de significados: ao passo que o cinema é constituído por imagens em movimento, a fotografia se mantém no campo das imagens fixas.

Contudo, cinema e fotografia são formas diferentes de documentos, que podem ser usados na pesquisa histórica e na construção do conhecimento escolar. Diante dessas considerações, trabalharemos ao longo deste capítulo com a seguinte questão: Como utilizar a fotografia no ensino de História? A resposta, como veremos, começa com a escolha de eixos temáticos que permitam organizar o trabalho em sala de aula.

Teoria e aspectos metodológicos

A escolha de um eixo temático é o primeiro passo para a realização de um bom trabalho educativo por meio da História. O eixo precisa ser uma temática forte, que permita a relação com outros processos envolvidos nas causas das mudanças históricas. Trabalho, urbanização, industrialização, imigração são eixos temáticos importantes para a compreensão da História, pois estão interligados e nos permitem trabalhar com questões culturais e políticas.

Ao eleger um eixo, o professor precisa levar em consideração o projeto da escola; além disso, é preciso certificar-se de que o eixo está adequado aos conteúdos mínimos e atende a cronologia que será trabalhada em sala de aula, ainda que os eventos históricos não precisem ser abordados de forma linear.

A utilização de fotografias na pesquisa e no ensino precisa considerar que uma imagem fotográfica tem múltiplas faces e realidades. Claro que há aquela mais evidente por ser visível, o instante congelado. Entretanto, há as outras, ocultas, que podemos intuir ou procurar nas situações, lugares e pessoas retratadas e, se possível, na trajetória de quem fez a fotografia (passo que, normalmente, é mais difícil). Segundo Kossoy (1998, p. 42):

> Quando apreciamos determinadas fotografias nos vemos, quase sem perceber, mergulhando no seu conteúdo e imaginando a trama dos fatos e as circunstâncias que envolveram o assunto ou a própria representação (o documento

fotográfico) no contexto em que foi produzido: trata-se de um exercício mental de reconstituição quase que intuitivo.

Fotografia confunde-se com memória, sobretudo com a familiar e a coletiva, na medida em que a imagem fornece visibilidade e "veracidade" ao passado, ainda que o simples ato de um indivíduo rememorar seu passado por meio dos álbuns de família implique criar realidades, com elementos imaginativos e de interpretação que sempre sofrem alterações a cada visita às fotografias.

Entretanto, apesar da subjetividade dos atos individuais, imagens fotográficas de outras épocas são fundamentais quando analisadas sistematicamente para a reconstituição histórica dos cenários, das memórias de vida (individuais e coletivas) e de fatos do passado (Kossoy, 1998). Apesar disso, devemos sempre levar em consideração que:

> A reconstituição por meio da fotografia não se esgota na competente análise iconográfica. Esta é apenas a tarefa primeira do historiador que se utiliza das fontes plásticas. A reconstituição de um tema determinado do passado, por meio da fotografia ou de um conjunto de fotografias, requer uma sucessão de construções imaginárias (Kossoy, 1998, p. 42-3).

Para a reconstituição histórica que extrapole os elementos plásticos da imagem fotográfica é necessário, portanto, o uso do texto, da pesquisa de fontes documentais, incluindo relatos orais obtidos por meio de entrevistas, informações que permitem reconstituições históricas mais amplas.

Se esses procedimentos precisam considerados na pesquisa historiográfica, o mesmo vale para a produção do conhecimento escolar, em que a participação do professor na realização da pesquisa prévia e na condução do processo é fundamental.

Ao pensarmos nessas questões, também precisamos considerar que há um condicionamento geral traduzido na certeza de que a fotografia é uma prova irrefutável da verdade histórica, sinônimo da realidade passada, que traduz um consenso social. De fato, a foto nos traz um indício gravado de que algo aconteceu. No entanto, toda fotografia é uma representação da realidade elaborada com base em valores culturais e estéticos de seu autor, cuja aplicação varia conforme as técnicas disponíveis (luz, lentes, ângulos de câmeras, entre outras) e, como tal, não pode ser entendida em sua totalidade se não for vinculada à compreensão de seu processo de construção (Kossoy, 1998, p. 43):

> Esta incursão hermenêutica, multidisciplinar, passa justamente pela "desmontagem" do processo de construção que teve o fotógrafo ao elaborar uma foto, pelo eventual uso ou aplicação que esta imagem teve por terceiros e, finalmente, pelas "leituras" que dela fazem os receptores ao longo do tempo. Nessas várias etapas da trajetória da imagem, ela foi objeto de uma sucessão de construções mentais interpretativas por parte dos receptores, os quais lhe atribuíram determinados significados, conforme a ideologia de cada momento. (...) É a nossa imaginação e conhecimento operando na tarefa de reconstituição daquilo que foi. Situamo-nos, finalmente, além do registro, além do documental, no nível iconológico: o iconográfico carregado de sentido. É este o ponto de chegada.

Para tanto, cabe aos pesquisadores, professores e alunos, mergulhados nas "realidades" registradas nas imagens fotográficas, situá-las em seus tempos e espaços, tentando compreender seus elos perdidos nas cadeias de fatos. Isso é possível apenas se soubermos como questionar, o que perguntar, ainda que esse ato também seja subjetivo, na medida em que depende de seus conjuntos de crenças, valores, mitos e convicções. Daí a importância da escolha de eixos temáticos norteadores do trabalho, dos quais depende a seleção das fotografias que serão utilizadas nas pesquisas e na construção do conhecimento histórico, seja acadêmico, seja escolar:

> Será no oculto da imagem fotográfica, nos atos e circunstâncias à sua volta, na própria forma como foi empregada que, talvez, poderemos encontrar a senha para decifrar seu significado. Resgatando o ausente da imagem compreendemos o sentido do aparente, sua face visível (Kossoy, 1998, p. 44).

Outro aspecto metodológico fundamental é a preparação prévia que o professor deve fazer com seus alunos. Após a exposição do tema, da atividade e, se necessário, da realização de alguma leitura prévia, passa-se para a próxima etapa: a pesquisa. Depois de sua conclusão, é fundamental a previsão de um momento para o debate ou para a apresentação dos dados obtidos pelos alunos e também para a última etapa, caracterizada pela criação de um "produto" final, um cartaz, livro ou uma revista, entre outras estratégias que permitam aos alunos a organização e a exibição pública dos dados e das conclusões obtidas.

Sugestões de atividades

Partindo das premissas teóricas e metodológicas apresentadas, sugerimos duas atividades a serem realizadas com os alunos do Ensino Fundamental. As atividades podem sofrer adaptações, de acordo com a realidade que se apresenta.

Atividade 1 – Linha do tempo

A construção da *linha do tempo* é um recurso que vem sendo utilizado há décadas pelos professores do ensino fundamental, sobretudo das séries iniciais, como estratégia de reconstrução das origens familiares dos alunos. Por meio de uma adaptação dessa estratégia, é possível ampliar sua abrangência, mantendo a proposta de construção de genealogias, mas utilizando-a como um instrumento de construção do conhecimento histórico.

Eixo temático: o mundo do trabalho

Essa escolha nos permite trabalhar com as alterações econômicas da sociedade brasileira, incluindo processos estreitamente relacionados, como a urbanização e a industrialização, os quais alteraram e continuam alterando as relações de trabalho e, consequentemente, as relações sociais de uma forma mais abrangente.

Objetivos

Com a elaboração da linha do tempo, levar os alunos a compreender as mudanças geradas no mundo do trabalho devido à interação de outros processos, como a industrialização e a urbanização, o que explica, por exemplo, em alguns casos, as profundas mudanças de perfis, de profissões de bisavós, avós e pais das crianças.

Ensinar os estudantes a ver e compreender as fotografias de outra forma, como documentos históricos que, inseridos em contextos diferentes, fornecem informações acerca de como era a vida no passado. Roupas, locais onde moravam, posições que adotavam nas fotografias, entre outros elementos, ajudam-nos a entender a teia de significados nas quais nossos antepassados se inseriam e explicam, parcialmente, as configurações atuais de nossas famílias.

Considerando o universo familiar, pretendemos que os alunos compreendam que as ações de seus antepassados estão inseridas em um contexto histórico, em uma teia de relações sujeitas às decisões individuais e a limitações e padrões de comportamento impostos pela sociedade brasileira, os quais também tinham reflexos nas transformações mundiais.

Nível dos alunos

A partir da 3ª série (atual 4º ano). Nessa faixa etária, os alunos são capazes de realizar exercícios comparativos de forma mais satisfatória.

Materiais

Fotografias de família (incluindo algumas da própria criança), cadernos, canetas, questionários para entrevistas, cartolinas para elaboração de cartazes, canetas hidrográficas, réguas e máquinas fotográficas (se possível).

Duração da atividade

O tempo a ser dedicado pode variar, pois depende das condições de cada turma e do calendário escolar. Entretanto, sugerimos a utilização de cerca de oito aulas (horas), distribuídas por algumas semanas, para que os alunos tenham tempo de realizar as atividades extraescolares relacionadas, sobretudo a pesquisa e a montagem da linha do tempo.

Primeira fase

Momento em que ocorre a preparação, a ser desenvolvida pelo professor. Este explica aos alunos os objetivos da pesquisa (traçar a linha do tempo de cada um, as profissões de pais e avós e suas relações com as mudanças que ocorreram no país), fornece o cronograma de atividades, materiais necessários e o que cada um terá de realizar no final do trabalho (linha do tempo elaborada com cartazes que serão expostos na escola ou sala de aula).

Além da exposição, como forma de estimular a participação, o professor deve deixar que os alunos expliquem onde farão as pesquisas de fotografias de família.

Como as imagens não falam por si, o professor deverá montar com os alunos um roteiro de perguntas para os familiares (pais, avós e bisavós) relativas as suas origens (se vieram de outras regiões do Brasil ou do mundo e os motivos que os levaram a essa mudança), profissões, como conheceram seus maridos e esposas, se o mundo mudou para pior ou para melhor (as razões disso) e, principalmente, o que estavam fazendo quando determinada fotografia foi tirada – para tanto, é necessário que cada estudante selecione primeiro as fotografias que achar mais curiosas.

Se possível (de acordo com a realidade material de cada comunidade), os alunos deverão tirar fotografias de seus familiares, da casa onde moram, da rua, de si mesmos, a fim de terem à disposição mais instrumentos de comparação entre passado e presente.

Para essa etapa, o professor pode utilizar duas aulas.

Segunda fase

Realização da pesquisa, o que inclui seleção de fotografias, criação de novas imagens e entrevistas (atividade extraescolar).

Terceira fase

Em sala de aula, as fotografias e entrevistas obtidas pelos alunos deverão ser apresentadas para todos. Cabe ao professor destacar as semelhanças e diferenças entre as origens e trajetórias de cada um. Por exemplo, em casos de crianças com avós que trabalhavam na agricultura e pais que atuam em outros setores, como na indústria, destacar as mudanças econômicas relacionadas, como o crescimento industrial, o aumento da população das cidades e a consequente urbanização, que provocou mudanças nos bairros. Nesse caso, é importante ressaltar que, em 50 anos, o Brasil passou de um país com uma população predominantemente rural para uma população que, hoje, em sua maior parte, se concentra nas cidades.

Em seguida, o professor pedirá para os alunos elaborarem suas respectivas linhas do tempo, as quais trarão as fotos coletadas e os textos explicativos oriundos das entrevistas e de outras fontes escritas. A linha deverá ser dividida em dois campos: família e sociedade. Para cada foto colocada em ordem cronológica, o aluno deverá descrever o que acontecia em seu bairro, em sua cidade, em seu estado e no Brasil, de modo a reforçar a percepção de que sua história familiar está inserida em uma teia maior de significados: a sociedade.

As fotografias podem ser um bom instrumento para estimular o exercício da comparação entre as imagens que retratam o passado e as que retratam o presente, estimulando nos alunos a percepção das mudanças históricas ocorridas em um período relativamente curto.

A elaboração da linha do tempo pode ser acompanhada ou antecedida da produção de um texto descritivo, contendo algumas das conclusões obtidas, atividade recomendada para as séries de maior faixa etária.

As produções dos alunos poderão ser exibidas em sala de aula ou em outro espaço da escola, ou mesmo constituir um possível elemento de exposição em uma feira cultural.

Para essa etapa, o professor pode reservar seis aulas, sem contar o tempo necessário para a exibição do que foi produzido pelos alunos.

Possíveis dificuldades

No desenvolvimento da atividade, diversas dificuldades podem surgir, como a impossibilidade de os alunos tirarem fotografias. Não desanime, esse é apenas um recurso a mais, cuja inexistência não compromete a realização da proposta.

É possível que, dada as condições materiais precárias de algumas famílias, entre outros problemas, o aluno não tenha fotografias suficientes para apresentar (se é que terá alguma). Caso isso ocorra, peça-lhe que faça as entrevistas. Se isso não puder ocorrer, solicite que o aluno desenhe (represente) sua família e as profissões de cada membro.

Estimule-o a participar do debate e permita que trabalhe em dupla, ainda que cada um tenha de produzir sua própria linha do tempo. Assim, o aluno não ficará excluído e participará da atividade, das aulas, do processo de aprendizagem. Para que isso seja possível na prática, é importante certo equilíbrio no que diz respeito à valoração: não é aconselhável pressionar os alunos com a pura e simples atribuição de notas; antes, deve-se destacar a importância da participação.

Atividade 2 – Mudanças na paisagem

As mudanças e permanências históricas deixam suas marcas na paisagem, que sofre constantes alterações por causa da ação humana, principalmente quando nos referimos às cidades e às áreas rurais produtivas, organizadas de acordo com as necessidades de abastecimento do sistema econômico. Para levar os alunos a compreender esses processos, também podemos utilizar fotografias.

Eixo temático: urbanização

O processo de urbanização é um bom eixo temático para trabalharmos com as mudanças e permanências. Nesse caso, podemos utilizar as fotografias: as cenas do passado podem apresentar elementos que sofreram alterações e outros, que permaneceram.

As fotografias de determinadas ruas de uma cidade, por exemplo, se comparadas com imagens atuais, podem revelar que, apesar das mudanças, alguns edifícios resistiram, "escapando" de serem demolidos.

Normalmente, quando muito antigas ou representativas, construções desse gênero passam a fazer parte do patrimônio histórico de uma sociedade e comunidade (no plano local).

A sobrevivência dessas edificações é garantida por sua utilização social, como é o caso de palacetes históricos convertidos em colégios, ou de prédios que, desde seu início, no século XIX, foram concebidos para serem escolas e continuam sendo hoje, no século XXI. E há, também, outras construções históricas que passaram a sediar órgãos públicos, museus e outras instituições de reconhecida função social.

Objetivos

- Levar os alunos a entender os fatores envolvidos no processo de urbanização com base nas fotografias, que registram as mudanças e permanências históricas da paisagem, sobretudo das cidades.

- Ensinar os estudantes a ver e a compreender as fotografias como documentos históricos.

Nível dos alunos

Primeiro ano do Ensino Fundamental em diante. Nessa etapa, os alunos são capazes de entender, por meio de imagens, que determinado espaço era de outra forma.

Materiais

Fotografias, livros que relatem a história da cidade ou do bairro (os quais também podem trazer fotografias), questionários para entrevistas, cadernos, canetas, lápis, cartolinas para elaboração de cartazes, canetas hidrográficas, réguas e máquinas fotográficas (se possível).

Duração da atividade

Pode variar de acordo com cada turma e calendário escolar. Entretanto, sugerimos a utilização de cerca de dez aulas (horas), distribuídas por algumas semanas, assim, os alunos terão tempo para realizar as tarefas extraescolares relacionadas (ver adiante).

Primeira fase

Preparação da atividade pelo professor, que antes precisa explicar o que é urbanização e como é que, por conta dela, a paisagem se altera. É necessário também que o professor escolha o local onde o trabalho será desenvolvido, de acordo com a sua realidade e a de seus alunos.

Em cidades de pequeno e médio porte, o ideal é que a atividade se concentre no centro histórico, local onde, normalmente, estão os edifícios mais antigos e as mudanças ao longo das décadas se fazem mais presentes. No caso das grandes cidades, o ideal é que a atividade inicie no bairro onde fica a escola. Deve-se dar destaque para o centro desse bairro, local que tende a concentrar as principais construções, mudanças e permanências.

Cabe também ao professor explicar os objetivos da pesquisa – os fatores envolvidos na urbanização e como eles se refletem nas mudanças da paisagem – e os locais onde pesquisar – arquivos e bibliotecas municipais, igrejas locais, acervos de particulares, principalmente de moradores conhecidos, pessoas da comunidade que, eventualmente, podem ter fotografias. Entrevistas com parentes e moradores proeminentes também devem ser realizadas; para tanto, deve-se preparar um roteiro de questões. As perguntas podem ser do tipo: Em que ano o senhor veio para cá? Como era naquele tempo? O que mudou na rua (nome do local)/no bairro (nome do local)? A que o senhor atribui essas mudanças?

Além da exposição, o professor deve estimular os alunos a dizerem quais são as ruas, praças e outros locais que julgam ser importantes para a pesquisa e por que acham isso – normalmente, as explicações baseiam-se em relatos orais, apreendidos em família ou em outros grupos sociais, como a lembrança de uma rua onde o bondinho passava e outros exemplos do gênero, dados que podem contribuir com a atividade.

Se for viável, os alunos deverão tirar fotografias de ruas ou lugares que compõem o centro da cidade ou o bairro, para que seja possível comparar as mudanças e permanências da paisagem.

Nessa etapa, o professor pode utilizar duas aulas. É interessante que a turma seja dividida em grupos e que cada um fique responsável por uma área (conjunto de ruas e praças); isso fará com que haja maior aprofundamento da pesquisa.

Segunda fase

De caráter extraescolar, essa fase refere-se à realização da pesquisa, o que inclui a seleção de fotografias, livros e outros documentos escritos, obtenção de novas fotografias de ruas e de outros lugares retratados em imagens antigas. Dessa forma, os alunos poderão comparar duas imagens de um mesmo local e detectar as mudanças e permanências. Nesse momento, também são realizadas as entrevistas.

Terceira fase

Visita a uma rua, praça ou qualquer outro lugar do centro do bairro ou da cidade como forma de vivenciar com os alunos as mudanças e permanências. Para tanto, o professor precisará dar uma aula expositiva preparatória e outra no local, chamando a atenção dos estudantes para os elementos relevantes. É importante que os alunos registrem a experiência por escrito.

Quarta fase

Após a apresentação, em sala de aula, dos dados obtidos pelos grupos, o professor deve reforçar as impressões das mudanças ou corrigir eventuais problemas de interpretação. As informações devem ser relacionadas a outros processos: industrialização, mudanças do perfil econômico da cidade ou do bairro (por exemplo, predominância de uma classe social, transformação do local em cidade-dormitório). Esses processos refletem-se na paisagem: o alargamento de ruas significa circulação de mais carros, a desativação de estações de trem significa o predomínio do transporte rodoviário ou a perda de importância de um município no cenário nacional e regional.

Depois do debate, os grupos poderão utilizar as imagens para confeccionar cartazes, sempre colocando a fotografia de um lugar que retrata o passado ao lado de uma que se refere ao "tempo presente" (a partir do momento que se torna um registro, a imagem faz parte do passado) e um texto explicativo sobre as mudanças e suas causas.

Nos anos com alunos de faixa etária mais elevada, o professor poderá optar pela criação de um texto por grupo (sempre usando fotos comparativas, como no caso dos cartazes). Como cada grupo ficou responsável por uma área da cidade ou bairro, a união dos textos poderá resultar na organização de um livro ou de uma revista.

Cartazes, livros ou revistas poderão ser exibidos em feiras culturais da escola ou mesmo em centros comunitários. Essa é uma forma de contribuir para que os alunos se sensibilizem em relação à importância da História e se sintam valorizados na medida em que os trabalhos, provavelmente, serão comentados pela comunidade, que poderá se informar por meio do que foi produzido pelos estudantes. O aluno deve ser levado a compreender que a História, mesmo motivada por um estudo localizado, não perde de vista o fato de que as causas são processos mais amplos, com raízes e consequências nacionais e internacionais.

Nessa etapa, o professor pode utilizar seis aulas, sem contar o tempo necessário para que os alunos concluam suas produções (em casa) e as exibam.

Possíveis dificuldades

Dependendo da realidade de cada comunidade escolar, talvez não haja a possibilidade de os alunos tirarem suas próprias fotografias. Nesse caso, podem ser utilizadas fotografias publicadas em jornais da cidade ou do bairro.

Sinopse

Vimos que a utilização da fotografia enquanto documento histórico depende de sua contextualização, o que significa que a imagem "congelada" pelo "click" da câmera fotográfica precisa, para sua decifração, de informações escritas que nos permitem interpretá-las.

É preciso lembrar que há imagens fotográficas construídas, como as publicitárias, as quais, apesar de poderem ser usadas como documentos em pesquisas, geram maiores dificuldades para serem utilizadas no ensino, sobretudo nas séries iniciais, quando as crianças ainda não desenvolveram mecanismos mais sutis de análise.

Entretanto, se a importância do texto, das informações escritas que nos permitem dissecar uma imagem fotográfica, é imprescindível, a realização de uma pesquisa por parte dos alunos – o que deve incluir a coleta de fotografias, documentos textuais e dados por meio de entrevistas – se torna elemento chave no sucesso da realização de atividades educativas que envolvam o uso de fotografias no ensino de História, como forma de compreensão dos contextos que geraram aquelas imagens, das permanências e mudanças.

Além disso, o uso de fotografias no ensino também depende das questões que fazemos para elas, como ocorre quando os pesquisadores executam suas pesquisas historiográficas.

No caso do processo educativo, é necessário definirmos um eixo temático que nos forneça elementos suficientes para organizarmos nosso trabalho, constituindo questões cujas respostas poderão ser encontradas pelos alunos, os quais também deverão ser capazes de perceber as ligações do eixo escolhido com outros (trabalho, industrialização e urbanização, por exemplo).

Para ler mais sobre o tema

CIAVATTA, Maria. *O mundo do trabalho em imagens*: a fotografia como fonte histórica (Rio de Janeiro, 1900-1930). Rio de Janeiro: DP&A/Faperj, 2002. Por meio de fotografias e de outras fontes documentais, a autora analisa as alterações das relações trabalhistas na cidade do Rio de Janeiro do início do século passado, sacudida pela implantação das primeiras indústrias, pela crescente urbanização – o que incluiu reformas que geraram tumultos e revoltas, com desalojamento de grandes contingentes populacionais – e pelo surgimento de duas novas classes no cenário nacional: a burguesia industrial e o operariado.

KOSSOY, Boris. Fotografia e memória: reconstituição por meio da fotografia. In: SAMAIN, Etienne (Org.). *O fotográfico*. São Paulo: Hucitec/CNPq, 1998. O autor conceitua as fotografias como documentos históricos, mostrando que elas não podem ser consideradas testemunhos "automáticos" do passado, pois sua leitura ou interpretação depende da contextualização das condições e intenções que levaram seus autores a produzi-las, algo, por vezes, impossível, dada a ausência de fontes escritas. Destaca que as fotografias podem ser utilizadas para elaborar ficções e constituem fontes de informações para a reconstituição do passado, duas faces que coexistem na interpretação da imagem fotográfica.

MANGUEL, Alberto. *Lendo imagens*. São Paulo: Companhia das Letras, 2001. A obra se detém na análise de imagens fixas (pinturas, fotografias) e em movimento (cinematográficas e televisivas), suas diferenças e a importância fundamental das informações textuais nesses processos.

SALIBA, Elias Thomé. As imagens canônicas e o ensino de História. In: SCHMIDT, Maria Auxiliadora; CAINELLI, Marlene Rosa (Orgs.). *III Encontro Perspectivas do Ensino de História*. UFPR/Aos Quatro Ventos, Curitiba, 1999. Análise de como o ensino da História, assim como a pesquisa historiográfica, pode se valer do uso e da interpretação de imagens canônicas, que de tão conhecidas são compreendidas por todos. Em seu estudo o autor aborda, principalmente, as imagens em movimento (fílmicas), mas muitos de seus conceitos e conclusões podem ser utilizados para a compreensão das imagens fixas (fotográficas) consideradas documentos históricos.

Referências bibliográficas

BARTHES, Roland. *A câmara clara*. Rio de Janeiro: Nova Fronteira, 1984.

CIAVATTA, Maria. *O mundo do trabalho em imagens*: a fotografia como fonte histórica (Rio de Janeiro, 1900-1930). Rio de Janeiro: DP&A/Faperj, 2002.

DUBOIS, Phillipe. *O ato fotográfico*. Campinas: Papirus, 1998.

KOSSOY, Boris. Fotografia e memória: reconstituição por meio da fotografia. In: LEITE, Miriam Moreira. *Retratos de família*. São Paulo: Edusp, 1993.

MANGUEL, Alberto. *Lendo imagens*. Trad. Rubens Figueiredo, Rosaura Eichemberg e Claudia Strauck. São Paulo: Companhia das Letras, 2001.

MICELI, Sérgio. *Imagens negociadas*. São Paulo: Companhia das Letras, 1996.

SALIBA, Elias Thomé. As imagens canônicas e o ensino de História. In: SCHMIDT, Maria Auxiliadora; CAINELLI, Marlene Rosa (Orgs.). *III Encontro Perspectivas do Ensino de História*. UFPR/Aos Quatro Ventos, Curitiba: 1999.

SAMAIN, Etienne (org.). *O fotográfico*. São Paulo: Hucitec/CNPq, 1998.

SONTAG, Susan. *Ensaio sobre fotografia*. Trad. Rubens Figueiredo. Rio de Janeiro: Arbor, 1981.

CAPÍTULO 10
O cinema no ensino de História

Questão para reflexão

Os filmes, à semelhança do que ocorre com o conhecimento histórico, são produzidos com base em processos de pluralização de sentidos ou verdades. Apesar das particularidades e especificidades de cada um – dos filmes e do conhecimento histórico –, incluindo seus métodos de trabalho, ambos são construções mentais que precisam ser pensadas e trabalhadas intensamente.

Nesse sentido, as obras cinematográficas são construções carregadas de significados, construídos a partir da seleção dos elementos que irão compor as imagens e o som que as acompanham e, depois, na articulação entre os diferentes conjuntos de imagens a partir da edição e montagem dos filmes.

Se a pesquisa historiográfica parte da formulação de questões ou problemas, cujas respostas são produzidas com base em hipóteses construídas por meio da adoção de certos procedimentos metodológicos, mais adequados ao objeto em estudo, fica evidente que a produção do conhecimento histórico também depende de escolhas. Portanto, não se trata de criar verdades absolutas, mas interpretações ou respostas, as quais são resultado do contexto histórico em que são formuladas.

Compreender os caminhos pelos quais os filmes e o conhecimento histórico são produzidos, com suas diferenças e convergências, implica em desenvolver a percepção para se entender como a história é construída na narrativa fílmica.

Ao utilizar os filmes em sala de aula, os professores devem evidenciar para os alunos esses processos e suas semelhanças, ainda que seus objetivos e métodos sejam distintos.

No ensino de História, podemos utilizar, basicamente, dois tipos de filme: documentários e ficção histórica, os quais se comprometem em diferentes níveis com a reconstituição ou com a compreensão dos fatos históricos, sem, entretanto, ameaçar o estatuto ou a importância da pesquisa histórica. Trata-se de inserir o uso da imagem fílmica no ensino, o que implica a conscientização dos alunos sobre as diferenças de objetivos e métodos, bem como sobre a contraposição da ideia amplamente aceita de que as imagens trazem a verdade absoluta dos fatos, quando, na prática, são produtos da subjetividade (interpretação) humana.

Apesar da tentativa de reconstituir ou explicar o passado, o que assistimos nos filmes remete às representações e ao conhecimento histórico de seus criadores. Dessa forma, as películas acabam se tornando documentos da época em que foram produzidas; refletem, assim, visões de mundo, conflitos e contradições, as quais estão sempre presentes em nossas interpretações.

Com base nessas considerações, trabalharemos, ao longo deste capítulo, com a seguinte questão: Como trabalhar com filmes em sala de aula sem que os alunos interpretem as imagens como verdades absolutas? As respostas, como veremos, estão na comparação das formas de produção de filmes e do conhecimento histórico.

Teoria e aspectos metodológicos

Em um primeiro momento, a utilização de documentários no ensino de História pode parecer a forma ideal ou mais adequada pelo fato dessas produções apresentarem "registros reais dos acontecimentos".

Entretanto, uma análise mais atenta dos processos de produção dos documentários nos leva à conclusão de que seus autores selecionam ângulos para a produção de imagens, as quais também são escolhidas, editadas e montadas, gerando, em conjunto com outros elementos, os filmes.

Isso significa, em última instância, que os documentários são, assim como os filmes ficcionais, incluindo os chamados "históricos", construções subjetivas, conforme salienta Saliba (1992, p. 20): "O estatuto que tem a imagem fílmica no documentário é diferente daquele que a tem na ficção, mas, nos dois casos, a construção subjetiva é iniludível".

É exatamente daí que vem a riqueza do uso dos filmes em sala de aula. Se as concepções sobre o passado são produtos do presente, as películas revelam em seu interior interpretações que, contrapostas ao conhecimento histórico criado por meio de pesquisas, revelam diferentes visões sobre os mesmos fatos.

Às vezes antagônicas, essas formas de ver os fatos históricos podem contribuir para a produção de um conhecimento escolar mais qualitativo e crítico. Por exemplo, a filmografia e a televisão brasileiras, seguindo parte da nossa produção historiográfica, retrataram a família real portuguesa, chefiada por D. João VI, como um bando de figuras pitorescas, atrapalhadas, depravadas e incapazes para o exercício do governo. Contudo, será que um monarca que conseguiu escapar das garras de Napoleão (que invadiu Portugal em 1807) e, em poucos anos fundou no Brasil um novo Estado, mantendo a unidade do Império Colonial Português, era tão bobo e incapaz? Sua figura não merece uma revisão? Os alunos não precisam saber que essa imagem pejorativa foi cunhada no início da República brasileira, como forma de minar a simpatia que muitos ainda nutriam pela monarquia?

O professor, ao mostrar aos alunos a produção cinematográfica sobre esse tema, evidenciando suas representações e ligações com uma produção historiográfica que retratou a família real de forma negativa, em contraposição às pesquisas de historiadores que buscaram equilibrar essa imagem por meio da análise das ações dos Bragança dentro do difícil contexto histórico em que viveram, está estruturando, junto com seus alunos, uma visão mais crítica, base para a construção de um conhecimento histórico que lhes permita ter um melhor discernimento, de modo que se tornem capazes de refutar visões maniqueístas, reducionistas e simplistas.

Outro exemplo clássico são as diferentes visões da História e da filmografia dos bandeirantes – em alguns momentos considerados heróis, grandes responsáveis pela ampliação do território brasileiro, em outros, rotulados como meros matadores de índios. Qual das duas visões está certa? Provavelmente nenhuma. O trabalho em sala de aula, ao utilizar filmes e pesquisas históricas, contribui para a construção de quadros amplos com base nos quais o aluno pode compreender, de forma mais clara, que sempre há diferentes visões de um mesmo fato.

Cabe aos professores garantir que a construção do conhecimento histórico por parte dos alunos aconteça de forma mais isenta possível e sem reducionismos. Trata-se, portanto, de compreender o passado como uma construção do presente, mostrando as diferentes visões sobre os fatos.

Novas ideias

A partir da década de 1970, a produção fílmica passou a ser considerada importante para a construção do conhecimento histórico e do saber escolar. Entretanto, a aceitação do filme como documento remonta ao abandono da concepção de História da escola metódica provocado pelo advento da revista *Annales* e das obras de Marc Bloch e Lucien Febvre, nos anos de 1930, que colocaram o historiador na condição de fabricante do seu objeto, portanto, de sujeito na produção da História.

No Brasil, na mesma época, ganharam força novas concepções de ensino que defendiam a participação dos alunos da elaboração dos conhecimentos. As novidades tecnológicas, como o cinema, passaram a ser consideradas importantes recursos didáticos para o desenvolvimento da Escola Nova, designação desse conjunto de ideias contrárias à escola tradicional. As Instruções Metodológicas de 1931, por exemplo, recomendavam a utilização da iconografia no ensino secundário.

Seguindo essas propostas e visando ao controle da influência do cinema sobre a juventude, foi criado, em 1937, o Instituto Nacional do Cinema Educativo (Ince). Conforme relata Abud (2003, p. 186-87):

> As produções do cinema educativo, que tinham como finalidade instruir a juventude sobre a nossa história, acatavam os princípios da História oficial, e se por um lado pareciam servir aos objetivos da Escola Nova, por outro ajudavam a sacramentar mitos nacionais.

Ao mesmo tempo em que defendiam os princípios da Escola Nova, alguns professores, alinhados com paradigmas da escola metódica, defendiam o uso dos filmes educativos nas aulas de História desde que esses fossem capazes de defender a "verdade histórica", ameaçada pelos filmes históricos.

Um defensor dessas concepções foi Jonathas Serrano, que reconhecia o valor educativo dos filmes apenas se esses fossem documentários formados por imagens captadas nos momentos em que os fatos ocorreram, reproduzindo-os em "sua complexidade" (Serrano, 1935, p. 112). Para o autor, reconstruir o passado nos filmes históricos era obra da imaginação, concepção que ignorava a subjetividade da produção de documentários, cujas imagens também são captadas de acordo com as escolhas de quem as filma, à semelhança do que ocorre com as fotografias, e trazem a voz do narrador a interpretá-las, como as legendas, contextualizando-as, fornecendo sentidos, processo absolutamente subjetivo.

Outras produções fílmicas admitidas por Serrano (1935) no ensino de História seriam aquelas filmagens de excursões a lugares históricos, acompanhadas de comentários feitos por especialistas.

A valorização dos documentários como tipo de filme ideal para o ensino de História baseia-se na mesma lógica que considera as fotografias como documentos que remetem à tentativa de reconstituição de fatos e circunstâncias que envolveram a sua produção. Nesse sentido, os documentários são automaticamente associados com a memória, na medida em que fornecem "visibilidade" ao passado.

Imagens, representações e leitura ativa

Como vimos, é um equivoco acreditar que apenas documentários podem ser utilizados no ensino de História. Os filmes históricos, com sua própria construção da História, também podem ser interessantes, pois remetem o aluno à análise crítica da História:

> As imagens merecem estar em sala de aula porque sua leitura nunca é passiva. Elas provocam uma atividade psíquica intensa feita de seleções, de relações entre elementos da mesma obra, mas também com outras imagens e com representações criadas e expressas por outras formas de linguagem. A imagem fílmica situa-se em relação à outra, ausente, que se relaciona com a realidade que se supõe representada (Abud, 2003, p. 188).

Infelizmente, hoje o filme é mais utilizado como substituto de textos ou como aulas expositivas. Muitos o consideram uma simples ilustração capaz de fornecer credibilidade à temática em estudo. Entretanto, como documento histórico, o filme exige instrumentos adequados para sua exploração, obtidos por meio da formulação de uma proposta didática:

> O professor pode também, pelo caminho indutivo, valer-se do documento como elemento intermediário que transmite aos alunos aquilo que se pretende ensinar, atribuindo-lhe um sentido próprio. Este é o percurso que permite uma efetiva atividade intelectual do aluno, feita de curiosidade e de espírito crítico e que confere sentido ao saber histórico escolar (Abud, 2003, p. 191).

Para que uma proposta didática de uso do filme em sala de aula se efetive, é necessário recorrer, assim como quando usamos a fotografia como documento, a textos e pesquisas de outras fontes documentais, processo no qual o papel condutor do professor é primordial.

Ao fazer uso de filmes e da história construída no interior de suas narrativas, podemos confrontar outras fontes de conhecimento, o que nos permite despertar nos alunos uma série de operações mentais que estimulam a análise das relações entre as diferentes causas das mudanças históricas.

A escolha dos filmes precisa levar em consideração o projeto da escola. Além disso, o trabalho exige que o professor prepare seus alunos para todas as etapas da atividade, incluindo a organização e apresentação dos dados e das conclusões.

Sugestão de atividade

O trabalho deve ser realizado com os alunos do Ensino Médio e pode sofrer adaptações devido às características próprias de cada grupo e contexto.

Atividade – Heróis, mitos e a construção do conhecimento histórico

Muitas vezes, a construção da História dentro da narrativa fílmica leva em consideração imagens sacralizadas de certos personagens históricos, ora transformados em heróis, ora desprezados, como no caso da família real portuguesa e dos bandeirantes, vistos como "matadores de índios".

Assim, ao escolhermos um filme baseado em concepções como essas, podemos levar os alunos a entrar em contato com visões antagônicas da História, de modo a estimulá-los a produzir o próprio conhecimento sobre bases mais críticas.

O Brasil dos reis (1808-1821)

Sugerimos o filme *Carlota Joaquina* (1994), de Carla Camurati, marcado por concepções negativas da família real portuguesa, ainda que, em alguns momentos, é perceptível a astúcia de D. João VI para resolver determinadas questões, sobretudo na frágil situação em que ele e seu Império se encontravam.

Objetivos

- Levar os alunos a compreender as diferentes visões sobre a História, bem como as narrativas históricas, resultados de processos de construção relacionados a determinados contextos.
- Ensinar os estudantes a ver e compreender os filmes como documentos cujas narrativas comportam construções históricas.

Nível dos alunos

A partir da 1ª série do Ensino Médio. Nessa faixa etária, os alunos são capazes de realizar análises comparativas de forma mais satisfatória.

Materiais

Filme *Carlota Joaquina*, cadernos, canetas, cartolinas e questionário.

Duração da atividade

Sugerimos a utilização de dez aulas (horas), distribuídas ao longo de duas semanas.

Primeira fase

O início da atividade destina-se a preparar os alunos para desenvolver os trabalhos, o que inclui três aulas expositivas sobre a vinda da família real ao Brasil, causas e consequências desse fato – por exemplo, a abertura dos portos, elevação do Brasil à categoria de Reino Unido, fundação de diversas instituições voltadas para a viabilização da administração dos Bragança sobre seu Império (sediado por alguns anos na cidade do Rio de Janeiro) e a Independência. Além disso, a exposição deverá mostrar que existem duas visões antagônicas sobre os Bragança:

a) uma pejorativa, construída no início da República, muito mais voltada para aspectos domésticos do que políticos e administrativos; tinha como objetivo diminuir a simpatia da qual a família de Pedro II ainda gozava depois da mudança de regime;
b) outra que leva em consideração as realizações desses governantes no contexto em que viveram, sem ignorar seus traços negativos.

Durante essa fase, o professor deverá orientar os alunos para que realizem uma pesquisa sobre a temática, buscando fontes que tratem de ambas concepções. Um cronograma de atividades deverá ser fornecido, assim como uma lista de materiais necessários.

Segunda fase

Realização da pesquisa (extraescolar).

Terceira fase

Exibição do filme (três aulas). Após a exibição, serão discutidas, em sala de aula, as impressões dos alunos sobre o filme. Os estudantes também deverão responder a um questionário com perguntas do tipo: Por que a narrativa baseia-se na trajetória da rainha, e não de outro personagem? De que forma o filme retrata os Bragança? Como D. João VI é retratado? E D. Pedro I? Como o contexto da vinda é abordado? E o da volta? Que aspectos (políticos, econômicos, administrativos ou domésticos) são privilegiados no filme?

O professor deverá reservar duas aulas: uma para o debate e outra para que os alunos respondam ao questionário.

Quarta fase

Os alunos deverão utilizar mais duas aulas para confeccionar painéis comparativos (cartazes) que apresentem concepções do filme e das duas correntes da História. Esse exercício permitirá a visualização dos pontos de divergência e convergência das concepções históricas do filme e das diferentes concepções historiográficas sobre o tema, além disso, contribuirá para a construção do conhecimento histórico dos alunos, considerando-se que o filme é um documento, e não mero conjunto de imagens voltado para a ilustração das aulas.

Possibilidades

Outros filmes podem ser utilizados, de acordo com a temática a ser abordada. Além dos filmes históricos, podem-se exibir documentários, sobretudo aqueles que trazem reportagens, reconstituição de cenas e análises feitas por historiadores, formando um quadro amplo que, muitas vezes, traz diferentes visões e interpretações da historiografia, o que contribui para que os alunos construam seus conhecimentos históricos de forma mais crítica e analítica.

Sinopse

O uso de filmes nas aulas de História implica considerá-los documentos dotados de construções históricas dentro de suas narrativas, resultado de valores, representações e visões de seus criadores, os quais também são influenciados pelo contexto histórico em que vivem.

Ao confrontarmos os filmes com diferentes produções historiográficas, as quais podem, muitas vezes, conter concepções antagônicas aos conteúdos destas obras imagéticas, estimulamos os alunos a realizar operações mentais complexas que os ajudam a produzir seus próprios conhecimentos sobre bases mais críticas e analíticas, na medida em que a recepção e interpretação de imagens nunca são atos passivos.

Para tanto, é fundamental preparar os alunos para que trabalhem as questões de forma satisfatória, pois os filmes não podem ser utilizados como meras ilustrações das aulas, pontos de apoio ou reiteração do que é dito em sala de aula, mas, sim, como documentos que trazem suas próprias versões da História.

Para ler mais sobre o tema

ABUD, Kátia Maria. A construção de uma didática da História: algumas ideias sobre a utilização de filmes no ensino. In: *História*, São Paulo, n. 22 (1), 2003. Esse artigo oferece ao leitor acesso a algumas questões relativas à utilização do cinema como recurso didático para o ensino de História, sobretudo no contexto atual de grande disseminação das produções cinematográficas, disponíveis em locadoras, videotecas de instituições educativas e nas próprias escolas. A discussão baseia-se, principalmente, na questão da construção do conhecimento histórico escolar, pois o filme em sala de aula mobiliza operações mentais que permitem ao aluno elaborar consciência histórica.

FERRO, Marc. O filme: uma contra-análise da sociedade? In: LE GOFF, Jacques; NORA, Pierre. *História*: novos objetos. Trad. Terezinha Marinho. Rio de Janeiro: Francisco Alves, 1976. p. 199-215. O historiador analisa a utilização dos filmes como documentos históricos com base na ideia de que uma obra cinematográfica sempre traz sentidos explícitos e implícitos ou linhas e entrelinhas, essas, muitas vezes, produzidas pela impossibilidade de controle total dos sentidos de uma obra multifacetada e coletiva como são os filmes.

SALIBA, Elias Thomé. A produção do conhecimento histórico e suas relações com a narrativa fílmica. In: FALCÃO, Antônio Rebouças; BRUZZO, Cristina (coords.). *Lições com o cinema*. v. 3. São Paulo: Fundação para o Desenvolvimento da Educação (FDE), 1992. O autor analisa o uso de filmes na pesquisa histórica. Sua concepção é a de que as obras cinematográficas tornam-se documentos, testemunhos das contradições, conflitos e relações sociais de uma época a partir do momento em que reproduzem e registram tudo isso somado às representações da sociedade e das pessoas que as produziram.

SERRANO, Jonathas; VENÂNCIO FILHO, Francisco. *Cinema e Educação*. São Paulo/Rio de Janeiro: Caleiras/Melhoramentos, 1931. Essa obra foi uma das pioneiras no debate sobre o uso do cinema no ensino de História. Presos à concepção de que somente o documentário deveria ser usado em sala de aula, os autores não consideram o fato de que toda obra cinematográfica é criada por meio de processos de montagem e edição. Os filmes e documentários, portanto, são subjetivos, resultados de escolhas (inclusão e exclusão de cenas, planos de câmera). De qualquer forma, a obra vale como registro das concepções de ensino de História que circulavam no início do século XX, principalmente com relação ao uso da imagem em movimento.

Referências bibliográficas

ABUD, Kátia Maria. A construção de uma didática da História: algumas ideias sobre a utilização de filmes no ensino. In: *História*, São Paulo, n. 22 (1), 2003.

BERNARDET, Jean Claude; RAMOS, Alcides. *Cinema e História do Brasil*. São Paulo: Contexto/Edusp, 1988.

CAMURATI, Carla. *Carlota Joaquina, princesa do Brasil*. Europa Filmes, Brasil, 1994.

FERRO, Marc. O filme: uma contra-análise da sociedade? In: LE GOFF, Jacques; NORA, Pierre. *História:* novos objetos. Trad. Terezinha Marinho. Rio de Janeiro: Francisco Alves, 1976. p. 199-215.

FRANCO, Marília da Silva. A natureza pedagógica das linguagens audiovisuais. In: FALCÃO, Antônio Rebouças; BRUZZO, Cristina (coords.). *Cinema:*

uma introdução à produção cinematográfica. São Paulo: Fundação para o Desenvolvimento da Educação (FDE), 1992.

SALIBA, Elias Thomé. A produção do conhecimento histórico e suas relações com a narrativa fílmica. In: FALCÃO, Antônio Rebouças; BRUZZO, Cristina (coords.). *Lições com o cinema*. v. 3. São Paulo: Fundação para o Desenvolvimento da Educação (FDE), 1992.

SERRANO, Jonathas; VENÂNCIO FILHO, Francisco. *Cinema e Educação*, São Paulo/Rio de Janeiro: Caleiras/Melhoramentos, 1931.

_____. *Como se ensina História*. São Paulo: Melhoramentos, 1935.